生活中只有一种英雄主义，
那就是，
在认清生活真相之后，
依然热爱生活。

——罗曼·罗兰

好起来的
从来都不是生活，
而是你自己

夏天 · 著

新世界出版社
NEW WORLD PRESS

人生的道路应该慢慢跑完，
而不是刚开始跑得飞快，
后面却举步维艰。

放轻松，
别去和别人比较，
你没有落后，也没有领先。
在命运为你安排的属于你的时区里，
一切都是准时的。

最强烈的爱根源于绝望，

最深沉的痛苦根源于爱。

风景和人在路上，欢喜触动在心里，

我们只是不小心从对方的生命中经过，

留下了无法忘怀的气味。

爱情藏于孤独，

即使孑然一身，也不算太坏的局面。

一天一天过，一步一步来，

那份柳暗花明的喜乐和终会抵达的必然，

在于自己的修行。

有些事情，不亲身经历，永远不会懂。

有些时候，只要静静等待，一切都够了。

等风来，幸福就在。

成熟就是，

以前芝麻大点的事儿就多愁善感，

现在即便万水千山，

单枪匹马也可以应付得来。

如果一件事情，

是你喜欢做的，

你一定要无所畏惧地坚持下去，

放心，不会错，

这样的努力，大概率会有好的回报。

大多数事情，
不是想明白后，才觉得无所谓，
而是，
无所谓之后，才突然想明白。

对于喜欢的人和事，

遇到了，就伸手拥抱吧，

别犹豫。

一辈子，

总要为了自己喜欢的人，

奋不顾身一次，

当然，

也可以是两三次。

改变生活，不如先改变自己。

改变自己，就是在改变生活。

过往的日记偶尔翻翻便可，
不纠缠，
与岁月和解，与自己和解，
让往事随风。

明天的愿景偶尔想想即可，
不沉迷，
降低期待，少一点憧憬，
让未来慢慢生长。

像大人一样生存，

像孩子一样生活。

愿你一直保有赤子之心，

在寡淡的日子里品尝出甜蜜，

在平凡的生活里找寻纯真的快乐。

目 录
Contents

第一章
就做你自己，奇怪一点也没关系

第二章
给自己买花，陪自己长大

第三章

像大人一样生存，像孩子一样生活

第四章

我的“丧”是真的，我的努力也是真的

第五章
你要自己发光，而不是被照亮

第六章
在所有的日子里，我最喜欢今天

第一章

就做你自己，
奇怪一点也没关系

就做你自己，奇怪一点也没关系

01

有一年冬天，我买了一件颜色特别夸张的大毛领外套，但一直都没有勇气穿出去。

因为怕出门看到别人奇怪的眼神，心想这个傻子为什么穿这样一件衣服？

虽然时常会想，人为什么要那么在乎别人的眼光？只管做自己不好吗？但是，在生活中，却总也跳不出那个被设定的框。

很多女孩大概和我一样，不敢挑战被质疑、被否定、被讨厌的那条底线，甚至为了迎合别人，不惜改变自己。

朋友云云从小不喜欢吃甜食，也从不喝奶茶，这种饮食习惯一直以来没有给她带来过什么困扰。当奶茶被新闻爆出含种种不健康的成分时，她还暗自庆幸，幸好自己不喜欢奶茶。

这一切都在她进入一个新的工作单位后被改变了。

办公室里的年轻女孩比较多，云云发现，奶茶简直是这些女同事的“续命神器”。

刚上班的时候要点一杯奶茶，小小开心一下；下午累的时候要点一杯奶茶，缓解一下疲乏；晚上加班的时候要点一杯奶茶，犒劳一下自己。

开始的时候，大家点奶茶还会问她：“云云你要什么口味？”云云都不好意思地拒绝了，说自己不喜欢喝奶茶。

慢慢地，大家都默认她是不喝奶茶的，后来，有同事专门建了一个奶茶群，也没有人拉她入群。

每当办公室里不约而同发出低笑声时，云云就知道她们又在群里闲聊。

这种时候，大家都有理由笑，唯独她只能低头故作深沉。

后来，云云想，不就是一杯奶茶吗，总比孤独的滋味要好吧？

于是，云云开始主动点了奶茶请大家喝，几次下来，终于打破了许久以来的孤立感，她自然而然地被请进了群聊。

之后的每天，她一边陪着大家闲聊，一边喝着难以下咽的奶茶，仔细想想，这样的日子似乎也没比之前开心多少，甚至好像更不开心了。

为此，她脑子里冒出了辞职的念头。

但为了一杯奶茶就辞职，这个理由是不是太草率了？

合群更像是成人世界里的一个谎言，盲目合群是一个人平庸的开始，它会贪食你的思想，让你习惯于随波逐流，变成一只唯唯诺诺的温顺绵羊。等群体散去，留给你的只剩下刻进骨子里的讨好和贫瘠的过往。

站在人群里，和别人保持一样，看起来似乎是安全的，其实不然。但为了这份“安全”，还是有人宁可被一杯奶茶打败，最后失去了自己。

这是因为做自己，做特立独行的自己，需要巨大的勇气和足够的智慧。

还记得王小波笔下那只特立独行的猪吗？对于大多数的猪来说，活着就是为了长肉，然后等长到圆滚滚的时候就被杀掉成为别人餐桌上的肉，这是猪的宿命。

但是，有一只猪不愿意接受这样的命运。它作为注定要被吃肉的猪，却长得又黑又瘦，双眼炯炯有神。它能嗅出危险的气息，会跳跃，会发出拖拉机、汽车的各种声音。

当它被十几个人捕杀的时候，它逃掉了。

最后，它长出了獠牙，随心所欲地享受阳光，在野地里自由自在地奔跑。

这是一只特立独行的猪，它没有重复普通猪的命运。在别人眼里，它很奇怪，但它为自己赢得了自由和宝贵的生命。

作为一个女孩，要想在这个世界上像这只特立独行的猪一样“长出獠牙”，恣意潇洒，确实没那么容易，但那碧海蓝天的自由，也确实值得你倾力一试。

02

一个朋友托我去某师范大学网络教育直属中心咨询学历报考的事。我去的那天，正好赶上一些毕业生领毕业证，有很多学生在校园里穿着学士服拍照留念。

和普通大学毕业生不同，这批拍照的毕业生，有些人看脸庞就明显感觉已经不年轻了。走到楼梯口，甚至还有一个穿着学士服的老人，她一边整理着学士帽一边从楼梯上走下来，看上去得有60多岁了。

她整理好学士帽，抬起头，恰好和我的视线对上。她的眼睛里满是笑意。

正盯着人家看被发现，我尴尬地微笑了一下，以示礼貌，她也朝我点头微笑。

找到招生办老师的办公室，问了相关事宜后，我忍不住好奇，问来学习的人还有很大年龄的吗？

招生老师说：“有的，今年的毕业生年龄最大的都64了。”

“我刚才来的时候，在楼梯碰见一个阿姨，看着挺大年龄了。”

“对，就是她，这位阿姨很了不起。她一直在做幼师的工作，原来只有专科学历，现在，这是她考的第二个学士学位了。”

“那么大年龄了，考一个学位都很不容易了吧？”

“可不是，她平时还得带孙子，真是太不容易了。”

一边带孙子，一边学习？

我脑海中不禁浮现了一幕场景：一个头发花白的老太太，一边忙着照顾孙子的吃喝拉撒，一边还得抽时间背书学习，参加考试……

这在常人眼中，一定是怪异无比的存在吧。

如果把自己的人生比作一座大山，我们真的无须在乎自己在别人眼里是什么样，我们只需做自己人生的主角，全神贯注去攀登自己认定的山峰就行了。

不过，我们也不要把“特立独行”误会成“与众不同”，不能仅仅为了引人注目，做出一些特别奇异的行为。

03

有次下班路上碰到几个女孩，一个女孩穿着抹胸，戴着硕大的耳环；一个女孩穿着破洞牛仔裤，细长的手指正把一支烟从鲜红的嘴唇上移开，脸部微微上扬，满意地朝天空吐出几个烟圈；还有一个女孩顶着一头挑染了绿色、红色、黄色的头发，几缕长长的头发掠过额头，贴在右脸颊。她们边走边很大声地说话，很大声地笑。与她们擦肩而过时，我还清晰地听到破洞牛仔裤女孩吐出了一串脏话。

可能她们觉得这样很酷？是不畏世俗眼光的特立独行？

当然，我并不是说这样的穿着打扮不行，只是再搭配上“吞云吐雾”和满口脏话，这样的特立独行就不过是为了标榜自己的个性而进行的表演，是“肤浅”的另一个外壳。

我认为，真正的特立独行是低调而内敛的，是知道自己要什么，并且不受外界影响，能坚定前行的身影。

别的女生都在“刷爽剧”、谈恋爱，只有你形单影只，每天去图书馆埋首苦读，让人觉得你很不合群，“她可真奇怪”。

别的女孩都在朋友圈炫吃的、炫玩的、炫努力、炫成绩，只有你什么都不说，沉静而笃定，显得很高傲似的，“她可真奇怪”。

别的女孩都在忙着学习穿搭化妆，研究新出的几款粉底哪个更服帖好用，只有你素面朝天，一年四季牛仔裤，显得格格不入，“她可真奇怪”。

但，对于这种“她可真奇怪”的评价，你若放在了心上，它就不只是别人给你贴的标签了，更是你给自己上的枷锁。

卸掉枷锁，你才能获得自由。

知道自己是谁，知道自己想要成为谁，不在意别人的评价，只在乎自己内心的答案。

勇敢做自己，你终将绽放属于自己的美丽。

你要活在自己的热爱里，而不是别人的眼光里

01

“又入手新宝贝喽！”

点开大学舍友亚楠的朋友圈，看到她又在喜气洋洋地晒车模。

她收藏车模的爱好得有十几年了，家里的一面墙被她打成格子柜，放了整整一面墙的车模。

她的家人和朋友一直无法理解，一个女孩收藏一堆汽车玩具有什么实际意义。“不像个女孩子”“浪费钱”“浪费时间”，是别人给她贴的标签。

我还记得她大学时买第一个车模，花掉了一个月的生活费。没钱去餐厅吃饭，她每天到了饭点，就买俩馒头回寝室。一边就着咸

菜啃馒头，一边抱着她的新车模翻来覆去地欣赏，看着看着就傻乐出声，一副花痴样。

我看不出那个车模和普通的玩具车有什么不同，提出质疑：“这么一个车模值1000块钱？你别是被坑了吧？”

她把车模小心翼翼地举到我的面前，说：“绝对值！你看，这车身多有质感，连车窗颜色都是少有的透明天蓝色。看这儿，还有一个小猪头，小巧玲珑，可爱死了！”

我表示不懂，也无法理解。

她说：“这车模就是我男神，那感觉，你懂了吧？”

后来，她还在网络上开通了专门分享车模的账号，当粉丝知道她是女孩后，有人不屑，有人不解，也有人赞赏。

对于那些比较负面的评价，诸如“伪收藏”“蹭流量”，她不屏蔽也不删除。

她说：“外界的声音只能作为参考，如果我不开心的话就不参考。”

是啊，如果你的爱好没有打扰到别人，那就不需要别人理解，更不需要怀疑自己是否应该继续做自己热爱的事。

一旦把做事的评判标准交给别人，就丧失了把握自己生活的主动权。

02

刚到北京的那几年，很多亲戚朋友听说我在北京工作后，都来打听我的情况。一听到我在北京做的是基础的码字工作，他们都对此嗤之以鼻，觉得在北京要做就得做能赚大钱的工作。

别人不知道的是，我很珍惜也很热爱这份工作。很少有人能一毕业就找到自己喜欢的工作，并愿意为了这份热爱的工作去付出努力。

从那时开始，我养成了每天码字的习惯，经常在自媒体平台上记录自己的生活。有次，我做了个奇特的梦，发在简书上后我把它分享到了朋友圈。

不一会儿，朋友圈下面的评论像炸了锅一样。

“你怎么还有心思写这些无关紧要的东西啊，真是闲的！”

“梦有什么好记的，把功夫用到考技能证书上不比这强？”

“大作家开始她的表演喽，自己写写不就好了，还要发出来给这么多人看啊。”

这些评论者像入侵者一样闯入了我精心经营的花园，他们在里面随意践踏我辛辛苦苦种的鲜花，还要对它们大肆评头品足。

可我只是笑了笑，并没有回复什么，只是以后再没有在朋友圈里分享过这些。

懂你的人，你什么都不说，他也可以心领神会；不懂你的人，即便你解释八百遍，也不过是对牛弹琴。

写作早已成为我的一种习惯，这是我一直以来热爱的事，不管别人怎么看，我都会坚持写作。别人不一样的声音并不会影响我做自己所热爱的事。

万事不敌我喜欢。

嘴长在别人身上，外界怎么看你无关紧要，日子是自己过的。不要让别处滴落的雨滴，打湿自己的衣裳。

找到自己心中热爱之事，为此付出时间、付出精力，无须理睬他人的眼光，只管找准方向继续做下去。

周国平在《人与永恒》里说："被人理解是幸运的，但不被理解未必不幸。一个把自己的价值完全寄托于他人理解上的人，往往并无价值。"

取悦别人，不如取悦自己。

听从别人的想法，不如听从自己内心的声音。

03

我有一个同事，他曾经被别人嘲笑英语发音不准，从那以后，他便不敢当众说英语。他本来有去国外留学的想法，却因为这件事不敢再说英语，这导致他的口语成绩一直通不过，自然也没能实现出国留学的梦想。

很多人一旦在意了别人的看法，便会一直抬不起头来，不能跟随自己的内心去做事，更不用说去做自己热爱的事。

把自己的人生，活成别人满意的样子，这岂不是太得不偿失了。

如果因为受到他人的影响，破坏了自己的好心情，甚至因为随意听从了他人的建议，偏离了自己原本认定的方向，最终做出了错误的决定，不仅耽误了时间，浪费了精力，更是对自己的人生不负责任。

英国作家曼迪·霍尔盖特曾写过："过分在意别人的想法，……最糟糕的情况是，这会导致一定程度的拖延症，让一个人无法采取任何行动，一会儿干这个，一会儿干那个，完全没有真正的目的或重心。"

找到自己的心之所向，不理会旁人的想法，才是我们每个人都该做的事。

当你活成了自己热爱的样子后，你会发现，人生是如此多姿多彩。

无关他人，
你要成为更好的自己

01

“女孩就是要留长头发、穿裙子。”

“女孩毕业后找完工作，就该马上结婚生孩子。”

“女孩就得温柔一点，不能个性张扬。”

“女司机开车肯定不稳当，女玩家打游戏肯定很烂。”

这些关于女性的刻板印象，一直都存在于我们的生活当中，世俗对女性的偏见和期待，成了她们身上沉重的无形枷锁。

我闺密的同事佳佳从小在父母的严格要求下成长。她从小就是“资优生”，每周末都要去上父母给她报的多个辅导班，她一路绿灯，最终考入知名高校，并读完了研究生，顺利入职了一家外企。

很多人都羡慕她优秀的经历，可她却说她的生活中没有一样是自己选择的，就连穿什么袜子，用什么样的水杯，买什么样的扎头绳，都是妈妈帮她安排好的。

有一次，她在饰品店看上一对造型非常奇特的大耳环，简直让她爱不释手。可等她买下来拿回家后，却被妈妈劈头盖脸地数落了一顿。

“你戴这种耳环也太招摇了！当初背着我偷偷去打耳洞已经很过分了，平时戴个低调的耳钉也就罢了，现在可倒好，还买了这么扎眼的耳环，在大街上你不要管我叫妈！我丢不起这个人！”

说完这件事后，她又回到了那个愁眉苦脸的状态中去工作，因为她现在的工作是父母强制安排的，她并不喜欢这份工作。

即使已经上了班，回到家她也不能放松。妈妈会像审讯一样询问她一天的工作情况，每天都干了什么工作，进度是什么，在工作中学到了什么……佳佳每天都要回家“汇报”自己的工作，她觉得自己实在是太疲惫了。

所以，她宁愿在公司加班，也不愿意早回家。

有时候，她也会忍不住和妈妈吵一架。但吵完后，看着妈妈伤心的样子，她又忍不住很内疚。妈妈都是为自己好，自己不领情是不是太没良心了？

大多数女孩子都是这么矛盾吧？

一方面，她们很听话，愿意努力去满足父母的期待，但同时内心也藏着做自己的想法，想拼命反抗父母的束缚。

另一方面，她们又特别敏感和心软，当自己努力了也没有达到父母的期望时，就算父母没有表现出失望，她们也会痛恨自己，对父母产生愧疚。

于是，她们沿着父母的计划，一路向前。一切的努力和辛苦，能换得父母的一个赞扬，一个肯定，就感觉值得了。

我们小的时候，需要被父母牵着学走路，但当我们长大了，就要学会放开父母的手，自己去走路，去寻找自己的人生。

也许，父母的影响一直都在，甚至很难摆脱。在你试图摆脱父母的影响的过程中，可能会有让他们感到失望、伤心、失落的时候，但你若不能顺从内心，日子就会过得很拧巴，很痛苦。

其实，我们忘记了，父母的初心，也并不是想培养一个完全没有主见的孩子。如果你因父母的影响不开心，甚至郁郁寡欢，相信那绝不是父母想要的结果。

杨绛曾写道："我们曾如此渴望命运的波澜，到最后才发现，人生最曼妙的风景，竟是内心的淡定和从容。我们曾如此期盼外界的认可，到最后才知道，世界是自己的，与他人毫无关系。"

终其一生，我们就是为了摆脱他人的期待，成为真正的自己。

02

无意中看到一个日本的短片《态度娃娃》，短片的女主角艾利的小金鱼被同学弄死了，她内心很是难过，很想把那个同学大骂一顿。但当对方内疚地说："艾利，对不起。"艾利隐藏了愤怒，挂上了笑容："没关系，真的没关系，我再买一条就好了。"

从此，艾利发现微笑是改善人际关系的神器，可以化解一切矛盾，可以让自己受所有人的欢迎。

"艾利，你真可爱""艾利，你真好""艾利，你的笑容真美"，因为微笑，艾利变成了大家的偶像，成了人人争着去效仿的好女孩。

结果，艾利变成了一个只会微笑的娃娃。

在自己的演唱会上，艾利当着所有粉丝的面，亲手敲碎了自己的娃娃脸。面具之下，是深不见底的黑洞，让人不寒而栗。艾利大喊："不要变得和我一样，请不要失去自我！"

记得《鲁迅日记》中有这样一句："面具戴太久，就会长到脸上。再想揭下来，除非伤筋动骨扒皮。"

活在别人的期待里，有一天，你就会忘了真正的自己。

你需要对人微笑，但不需要在所有时间里对所有人都保持微笑。你不必为了不能满足别人的期待而感到抱歉。

就像电影《无问西东》里的那句台词，“爱你所爱，行你所行，听从你心，无问西东”。有时候，你得有点自己的坚持，或者自己的小脾气。

03

同学小柔，结婚生了孩子，老公希望她辞职回家带孩子。

虽然她也很想多陪伴孩子，但打心眼儿里不愿意放弃工作做全职太太，不愿意自己的生活就是整天陪孩子，围着灶台转。

最后，她请来婆婆帮忙带孩子，考虑到婆婆年龄大了，又请了个保姆白天帮忙。

如今，她化着淡妆，踩着高跟鞋，在职场走得笃定从容。

上大学、谈恋爱、结婚、生孩子、成为全职妈妈，为孩子耗费了一生的心神，有多少女人在重复着相似的命运？

但，这真的是每个女人都想要的人生吗？

生活中，别人对我们有所期待，是一种常态，但一直活在别人的期待里，就成了一种束缚。

当别人的期待和自己想要的不能契合时，请一定要忠于自己。

当然，要做到不被别人的期待所束缚并不容易，甚至很难。因为当事情落到自己头上，自己就没有事外之人的轻松和客观，无法以置身事外的角度去思考问题。

但我们仍然要努力成为更好的自己。你可以试着先从一些小事入手，逐渐培养自己的主见，锻炼敢于坚持的能力。

比如，试着去表达不同的见解。和父母、朋友、同事聊天，听听他们的意见，认同的时候点头，不认同的时候也没必要附和。而且，你也可以提出自己的见解和想法，不要担心会被反对或者嘲笑。

比如，记录自己的真实想法。有时候并不是我们没有主见，而是我们根本不知道自己的真正想法，或者不知道如何表达。不妨利用一点空闲的时间，安静下来，梳理一下自己的内心。比如对于相亲这个问题，问问自己是真的不想谈恋爱，还是很排斥这种找男朋友的方式。了解了自己内心所想，才能做出最佳的选择。

比如，每天做一件自己喜欢的事。做不喜欢的事，总能快速消耗一个人的能量，让你精疲力竭；而做喜欢的事，虽然也会费神费力，但内心快乐，精神愉悦。每天做一点自己喜欢的事，让自己愉悦起来，这是变得优秀的开始。毕竟，可以肯定的是，每天愁眉苦脸是没办法让你变得更好的。

比如，学习一点说服别人的小技巧。多数时候，坚持自己并非是要一意孤行，好的坚持需要更多人的支持。所以，你需要学一点说服别人的小技巧。比如你希望本科毕业就参加工作，而父母则希望你去考研。不同的沟通方式，决定着你是高高兴兴去找工作，还是满腹怨气去考研。

比如，给未来的自己写封信。大小总得有个目标，目标是指引你变优秀的明灯。找张漂亮的信纸，写下你的目标，可以是一个月内要实现的，可以是三个月的，也可以是一年的。定下开启的日期，封口，然后开始为此努力。

不必抱怨父母、男友等外界给我们的压力，我们要清楚自己人生的剧本，做自己人生的主角。

不管别人对我们心存什么样的期待，我们都不是为了满足别人的期待而活。

所以，不必为了做自己，而对谁感到抱歉。

好起来的从来都不是生活，而是你自己

01

最近在楼道里，我总能碰见住同一栋楼的一个姐姐，她好似变了一个人。

我们聊天时，她说的最多的一句话就是：“感觉生活变得好起来了。”

她父亲的工厂去年破了产，丈夫做生意也赔了钱，她的工作遇到了瓶颈，孩子快要高考了可是成绩怎么都提不上去。这些事情让她曾一度对生活失去了信心。

那时候，经常能看到她愁眉苦脸地在小区里漫无目的地走来走去，跟丢了魂儿一样。

后来再见，她一扫之前的阴霾，浑身上下都散发着满满的活力，肉眼可见整个人都明媚了不少。

她跟我说，现在她面临的情况其实还是和之前差不多，只是自己想开了。现在学业压力大，很多孩子都抑郁了，儿子上个普通大学也没什么大不了，孩子身心健健康康比什么都重要。

她也对她老公说，生意赔钱了也没什么大不了，再苦也没有以前创业时的日子苦。再说自己现在过得也不差，有房住，有车开，挺好的。

至于自己的工作，她努力做好分内的事，不苛求自己，也不再和自己较劲。毕竟，年轻人进入职场，生猛一点，冲击和代替一些旧的东西，也属于正常的“新陈代谢”。自己年轻的时候，不也一样吗？

当期待变低，她发现一切都不一样了。

原来让人难以忍受的事情，居然也挺可爱的。比如，儿子周末的时候，会起床给全家做早餐。这要换以前的她，肯定会唠叨孩子还不如去背单词，现在她会夸奖儿子懂事，真心享受儿子做的早餐。看着儿子脸上的笑容，她觉得和儿子这样温暖相处，就是很美好的事情。

生活似乎还是原来的样子，只因转变了一种想法，她的心情就一改灰蒙蒙的颜色，变得缤纷绚烂起来。

为什么要垂头丧气地度过每一天呢？一切的一切，都不如你开心地度过当下的每一天重要。

既然没有办法立刻改变事情本身，那就马上转变看待它的态度。用轻松的心态去看待生活，生活自然会更加明媚。

生活就像盒子里的巧克力糖，你不知道下一块会是什么味道，但总有人在任何处境下，都选择相信下一块巧克力是甜的。

仔细想想，其实生活并不会自己变得好起来，好起来的是你自己。

02

朋友香香无比热爱咖啡，最大的爱好就是泡咖啡店。她说自己人生的终极梦想就是开一家专属于自己的咖啡店。

结婚的时候，男方给了她10万元的彩礼。她的妈妈没有要这笔钱，而是给了她，让她做点自己喜欢的事。

她想：我喜欢的事，就是开一家咖啡店。心动了这么多年，终于可以行动了。

但这10万元明显不够开店，她又拉了一个朋友入股。

两个人凑了20万，选址、装修、预热，忙得七荤八素，香香梦想中的咖啡店终于开业了。

可惜的是，理想很丰满，但现实很骨感。

咖啡厅开业后，没什么人来。大多数时候是香香一个人在咖啡店枯坐一天，没有一个顾客，营业额0元。

香香因为开咖啡店，把原来的工作辞掉了，此时她没有一点收入，还要应付咖啡店的各种支出。

香香急得晚上睡不着，头发掉得厉害，整个人憔悴不堪。

她老公建议她关掉咖啡店，及时止损。无奈之下，她和朋友也只好听从了建议。

家人没有过多地埋怨香香，但香香为开店的损失感到十分愧疚。而且，本来丈夫收入还不错，结果因为行业不景气，公司的很多订单都取消了，丈夫的工资也直线下跌。

香香想尽快找个工作，弥补内心的亏欠，也缓解一下家庭的经济压力。结果，投了上百份简历，却连面试通知也没收到几个。

兜兜转转找了一段时间，也没找到合适的工作。正在这焦虑不安的时候，她又无意中听到，公婆给老公打电话，让他把之前办婚礼借的钱还了。

香香觉得自己都快要抑郁了。她向妈妈哭诉，妈妈却说："闺女啊，你咋分不清轻重呢？现在重要的是保持健康，赚钱的事，以后再说。现在你又不是过不下去了。"

香香一琢磨，还真是这样。

她不再因为无事可做睡到日上三竿，而是7点半按时起床，拉着老公一起对着电视机做健身操。囤的土豆长芽不能吃了，她干脆切开，种在花盆里，让它恣意生长。

她开始学习做菜。虽然食材不多，但也有模有样地做成了蒜蓉茄子、红烧排骨。吃着自己做的菜，她决定以后要彻底告别外卖和快餐。

老公老家是山东的，喜欢吃面食，她便开始学着做馒头、卷饼、面条。

有一次，她买了几个火龙果，按照手机视频中的做法，做了玫瑰花卷，被老公大加赞赏。她还尝试着学做油条，但没成功，口感很硬，一点也不像外面卖的那样酥脆，老公给她的油条取名“棒棒油条”。不过，两个人吃得还是很开心的。

她也开始看书，很久都没看纸质书了。之前上学时买的《喜宝》《流浪的面包树》《鲁迅全集》都被她翻了出来。窝在沙发里看，感觉书页都很有质感。

居家一段时间，香香发现每个人过的日子都差不多。

上班时，大家都是上班—回家—上班“循环播放”，待业时则变成了居家“单曲循环”。不同的是，每个人对这个转变的心态不同，感受也大不相同。

时间滴滴答答不紧不慢地逝去，一直待在家里，谁不为柴米油盐操心？谁不为未来焦虑迷茫？谁没有遇到过生活的坎儿？

生活对任何人来说，都不那么轻松，甚至足够沉重。但即使每日怨天怨地，痛哭流涕，也不会改变任何现实。

倪萍的《姥姥语录》里有一句话：天黑了，谁能拉着太阳不让它下山？你就得躺下。孩子，不怕，多黑的天到头了也得亮。

生活总会好起来的，前提是你自己先要站起来。

一个人只有心态变好了，才能在困境中发现生机，一切才会顺畅起来。

03

改变生活，不如先改变自己。

改变自己，就是在改变生活。

如果你觉得生活很无聊，那就在工作之余多出去走走。有钱就去远一点的地方，体验不同的城市，感受不同国家的风土人情。

没钱也没关系，家门口的公园一样可以释放心情，缓解压力。因为你所在的地方，对别人来说，就是远方。

看似熟悉的公园，里面的花草树木你都能叫得出名字吗？四季更迭的变化，你记录了多少？有一颗发现美的心，小公园里也藏着远方的风景。

如果你觉得内心匮乏了，那就读读书，小说、散文、历史，能入你心即可。

持续大量地阅读，不仅仅是带给你一时的平静与喜悦，还能拓展你的视野。比如，你在旅游杂志上能了解很多地方的风俗文化，在感慨世界之大的同时，你也会变得更包容。

如果你觉得自己的经历很乏味，那就多留心细节。那些一波三折、妙趣横生的人生毕竟是有限的。

多数人过的都是平凡而无波无澜的日子。没有什么天大的好运，那就关注生活中小小的惊喜。路边摇摆的垂柳，一束花的香味，陌生人的一个微笑，朋友善意的一个提醒，妈妈做的饭菜，丈夫给的一个拥抱……这些组合起来，就是幸福。

做一个向阳而生的人。难过时，要多给自己一些盼头，多于生活的细微处发现快乐，感知温暖，寻找美好。

生活还是原来的样子，我们却可以报以热情。罗曼·罗兰说过："生活中只有一种英雄主义，那就是在认清生活真相之后依然热爱生活。"

我们蹚着岁月的河流，走在浅浅的时光里，路上挂着一幕幕轻纱，薄薄的一层又一层，有时掀开是繁花似锦，有时掀开是愁断人肠。无论是哪一种，当我们努力把自己拾掇得美好一点，生活的盲盒里就会装满自己想要的礼物。

不跟别人比，
好好做自己

01

假期回老家休息了几天，偶然碰到了小时候的一个邻居阿姨，简单聊了几句。

她一脸羡慕地说，瞧瞧你在北京工作就是不一样，就是会说话。不像我家那个孩子，在小县城里上个班，工资低，也没啥前途，哎。

我说自己也是混口饭吃，做的工作也看不到啥前途。她就说："你们这些女孩子啊，不知道婚姻是二次投胎吗？你看丽丽，你们小时候一起长大的吧？嫁了个富二代，车子、房子都有了，光彩礼人家就给了30万，啧啧……"

我无奈地笑笑，敷衍了几句，就借故离开了。

在印象中，似乎每个孩子的童年都有一个“别人家的孩子”，他/她懂事听话学习又好，似乎无所不能。

每次犯错误，甚至在日常生活中，父母都会拿这个“别人家的孩子”和自己做对比。比成绩、比能力、比获得奖状的多少，长大之后又开始比学历、比薪资待遇、比婚姻……

这个“别人家的孩子”，仿佛就是人生中的一个噩梦。而噩梦的根源，是家长们无休止的攀比心。

高中同学娟娟，毕业后没上大学，早早就结婚生子了。在家带了几年孩子，后来孩子大了，她又出来工作了，在一家大超市做收银员。

有一次，高中的班长在春节期间组织了一次同学聚会。那年，我在北京没回去，就没参加。

听说娟娟去了，但整个聚会中与她攀谈套近乎的同学很少，这让她越发觉得自己很可笑。有个曾经关系不错的同学问她现在在哪里高就，不少目光跟着投过来，她只能实话实说，自己是个收银员。空气有那么一刹那的停滞，瞬间令她羞红了脸。

后来，娟娟退出了高中群，不再和任何高中同学联系。

如果攀比成了一种习惯，心中自然不会感受到快乐。因为没有人能够站在世界之巅，永远都有别人比自己强。坦然接受自己就好，不必与别人做比较。

02

当一个人追求的不是自己的幸福，而是比别人更幸福的幸福，那他的生活就会一直在紧张、焦虑之中徘徊。

如果每天都去和别人比较的话，那一段时间之后，你就会发现自己的生活根本就不是自己的，而是别人的。

你可能没有想过，与别人比较，你是真正地快乐还是只是暂时获得一种虚荣的满足感。

每天都在拼命地证明自己，追逐着别人的脚步，内心永远充斥着焦虑和不安，享受生活对你来说根本就是奢望。

在网上刷到这样一个视频：女孩小娜的男友是个装修工，虽然两个人的日子过得并不富裕，却十分恩爱。

小娜经常去工地看男友，男友每次一看到小娜来，就会赶紧洗干净脏兮兮的脸，带她去吃好吃的。

故事的开头总是美好的，原以为小娜和男友会一直幸福地生活下去。但当小娜知道闺密的男友是个富二代时，她的内心慢慢发生了改变。

“小娜你看，这是我男朋友刚给我买的新款羊毛大衣，限量款哦，是不是特别好看？哦对了，上个星期他还带我出去旅游了呢。”

听着闺蜜说起她的近况，小娜不由自主地觉得心里很不舒服：“凭什么我们长得差不多，并且关系还这么好，可她却找了个富二代，过着那么好的生活，而我的男朋友却是个装修房子的工人，我只能每天陪着他吃苦，过着一眼望不到头的苦日子？”

这样的想法，在小娜的心里不断发酵，她开始越来越嫉妒闺蜜的生活，也开始痛恨自己男友的穷，抱怨命运的不公。

终于，小娜还是跟男友分了手，但整个人却变得更加垂头丧气了。

青春文学作家八月长安曾经写道：“最快乐的生活，是别人的生活。”

不得不承认，在大多数人的认知里，别人的生活总比自己的美好，别人的日子总比自己的自在。

我们总是在欣赏别人，挑剔自己。于是逐渐地，我们就忘记了自己的样子，忘记了自己本该追求的目标。

03

记得在上学的时候，我坐公交车回学校，前面的座位上坐了一对小情侣，一直在切切私语，十分亲密。

突然，靠窗的女生一脸羡慕地说，她的室友前两天过生日，男朋友送了一个几千块的包包给她，并且问男生什么时候能送她一个那样的包包。

男生只是笑了笑，将这句话当成了一句玩笑话。谁知女生不依不饶，非要男生说出一个具体的时间。

男生在一旁好生安慰也不见效果，后来矛盾激化，两个人吵了起来。女生哭着说男生不够爱自己，难道两个人的感情连一个买包包的承诺都比不上吗？

到站之后，女生夺门而出，男生只好无奈地追了过去。

肤浅的羡慕，不会带来幸福，只能徒增烦恼，使自己与幸福擦肩而过。

我们习惯性地让自己站在低处，然后仰望别人的幸福。不停地比较，不断地追赶，结果却只能让自己在生活中过得疲惫不堪。

每个人有每个人的路要走，不必看别人的成绩，专注于自己脚下的路就好。

04

我老家的一个亲戚，想改善家里的条件，于是毅然决然去杭州开网店卖衣服。

那时候，在网上开店还属于新兴行业，她身边没有人有开网店的经验，她就每天凌晨两点才睡，早上天不亮就起床，到处上课找人咨询，获取经验。

刚到杭州的时候，房租就要九百块，还要吃饭，交水费、电费。她每天吃两个馒头，饿了就疯狂喝水，把自己灌到饱，就这么硬生生地扛了三个月。

功夫不负有心人，通过不懈的努力，她在短短三个月的时间里，就把自己网店的等级升到了四个钻。

她的朋友问：“别人的网店都满钻了，销量还比你的高那么多，你怎么还是不紧不慢的，一点不着急？”

她说：“当我专注于做自己的事的时候，从来没有考虑过别人会如何，别人的成败对我来说只有借鉴作用，可我不会去跟他们比成绩。”

比别人好的时候，要不骄不躁；不如别人的时候，要不气馁、不沉沦，也不要眼红妒忌。

静下心来，就会发现，很多东西本身就不存在可比性。

05

大学的时候，有一位女同学的日语水平很好，但她学日语的方法却出奇地简单——每天用半个小时练习。

我另外一个同学为了给自己未来的履历增色，决定也去学日语。为了超越那位同学，她打算每天用三个小时的时间学习日语。她是这样想的，自己每天学习三个小时，怎么也不会比那位同学差。

一开始，这位同学确实能做到很自律，每天坚持花三个小时学习日语。但是没过几天，她就坚持不下去了，有时还要兼顾其他的事情，很难维持三个小时的学习时间。

然后，她也发现自己的日语水平虽然小有进步，却实在还拿不出手，这令她很是烦躁，便就此放弃了。

多年之后，那位每天学习半小时日语的女同学依然水平让人羡慕，且到了让我们望尘莫及的地步。

人生的道路应该慢慢跑完，持之以恒，而不是刚开始跑得飞快，后面却举步维艰。

放轻松，别去和别人比较，你没有落后，也没有领先。在命运为你安排的属于你的时区里，一切都是准时的。

北京大学的三位女学生和日本社会学家上野千鹤子的对谈，曾引发了广泛热议。

几位女性的言语中，表现出已婚女人极强的做自己的渴望。

她们问道："我们这些已婚人士，是不是在进行一种愚蠢的幸福？"

上野千鹤子却说："因为我心目中的女性主义，是追求自由的思想，只要自由自在地活着，怎么样都可以。"

追求自由的前提，是做好自己，不去关注别人的生活，而把重心全部放在关注自己的生活上。

你有你的快乐，我有我的幸福，谁也不必仰望谁。

别人的幸福是穿在别人脚上的鞋，硬套在自己脚上，未必合适。

06

我每天总是会翻一下朋友圈，看一下朋友们最近的情况。我发现，很多朋友发朋友圈，时间都在晚上，甚至凌晨，有的在加班，有的在上课。

说实话，每次看到身边的朋友都在拼了命地努力，我会不由自主地产生一种深深的焦虑感。因为网上有一句话说：就怕比你优秀的人还比你努力。

可是反过来想想自己的生活习惯，发现我似乎并没有浪费太多的时间。每天早上8点钟起床，晚上12点睡觉。我也曾试着5点钟或者6点钟起床，然后利用这些时间学习，充实一下自己。不过这样反倒打破了我的生物钟，不仅白天无精打采，晚上在书桌旁也是哈欠连连，无法集中精神做事。

后来我便放弃了这种想法，我决定还是回归到自己的生活节奏上。我十分清楚，自己的努力极限并不在时间上，而是在思维方式上。我不能盲目地用战术上的勤奋去代替战略上的懒惰。只要找对了方式，一切便会水到渠成。

作家三毛曾说：“学着主宰自己的生活，即便孑然一身，也不算是太坏的结局。”

按照怎样的节奏努力精进，就会有怎样的人生缩影。当然，所谓精进不是超越别人，而是胜过从前的自己。

所有的成功皆是比昨日走得更稳妥，迈着小小的步调，款款而来，然而某天回头望去，身后已是一片生机盎然。

你的人生，
不需要向任何人解释

01

刚工作时，最盼望的就是春节回老家，可以躺吃躺喝，享受被投喂还不用打扫卫生的日子。

但这几年我特别害怕回老家。谁见着我都会拽着我问：“怎么还不找对象？”“怎么还不结婚？”“你想找个啥样的？”

开始，我还得绞尽脑汁找借口解释一下，比如没碰到合适的、刚分手、暂时不想谈。次数多了，实在是词穷，脑细胞不够用，我干脆也不解释了。

有人问，啥时候结婚？我就敷衍说，快了，快了。

有人问，咋还不谈男朋友？我就打哈哈说，找到了就谈。

但我妈出去一圈，回来就是一脸的不高兴。我一看，准是因为

我这个大龄单身闺女回来，她又被别人“轰炸”了。

为此，我挺内疚的，就劝我妈别太在意别人说什么，甚至不惜骗她，说下次一定带个男朋友回家。

确实，因为这个问题，我一直觉得很对不起父母，他们把我养大，我却不能如他们所愿进入婚姻，生儿育女，组建家庭。

曾经有一年，在老家的每一天每一刻，我都被这种愧疚感和负疚感折磨。有时候，我也会听妈妈的话去“相亲”，然后回来再找各种理由拒绝对方。

于是，回老家变得比上班还累。

直到我在网上看到一个清华的女博士，她是一个优秀的科学家，在生物领域取得了不菲的科研成果。但40岁的她，依旧单身一人。

很多人都在猜测她不结婚的理由，而她的回复又酷又霸气：“关于为何不结婚，我不欠任何人一个解释。”

我呼出一口浊气，内心的负罪感一扫而光，大呼过瘾。

从此，当别人的质疑声扑面而来时，我忍住了解释的欲望。因为，别人的理解并没有那么重要。

我的人生是我的，只有我自己能负责，没有人可以替我经历、代我感受。那我为什么不可以选择自己喜欢的人生？我干吗要费心费力向别人解释我的做法？

毕竟，你的生活，和别人没什么关系。

02

橘子来公司的第一天，给办公室的每个人都送了一个精致的马克杯。

这一个小小的举动，让她很快融入了团队，她也很快和大家无话不谈。

有一次，大家聊起对未来的向往。

她说：“幸运的话，我会买一套房子，养一条狗，再养一只猫，就是幸福的三口之家了。”

“那要是不幸运呢？”我随口问。

“结婚生子呗。”她不假思索地回。

听她这么说，一位男同事立即不满道：“现在你们女生都不想结婚，不想生孩子，真不知道咋想的。”

也有女同事追问她：“你为什么觉得结婚生子就是不幸呢？”

橘子想了想说：“结婚多麻烦，光是婆媳关系就难倒我了。生孩子就更麻烦了，生出来就得管他吃喝拉撒，大一点得管他学习，再大了还得管他找对象、结婚……”

男同事说：“那都照你这样想，女人都不结婚，都不生孩子了呗？”

另一个女同事也附和道：“我觉得，不结婚生子，女人的人生也不算完整吧。”

橘子有点不高兴了，赌气地说：“谁愿意结谁结，谁愿意生就生，我就是觉得养个猫狗做伴儿就挺好。”

至此之后，再聊到这个话题，橘子就一言不发了。

当这个世界越来越开放，人们的思想越来越自由，我们有更大的自由度去选择自己想要的生活。我们的选择和决定，也许能得到别人的响应，当然也有可能得不到别人的支持和认可。

当不被认可时，如果你不愿意解释，可以闭口不言；如果解释之后别人仍然不理解，那就不要再纠结，白白为难了自己。

从一开始试图去解释，到后来的闭口不言，不是对彼此关系的敷衍和失望，而恰恰是思想成熟的某种体现。

03

曾经在一个节目中，听到过这样一段对话。

因为一个女孩一直单身，有朋友就问她：“这么多年，你为什么不找个男朋友啊？是不喜欢吗？”

女孩则笑着反问：“那你干吗不买房子呢？是因为不喜欢吗？”

在女孩子过了30岁时，总会有一堆人来质疑她为何单身，却很少有人愿意相信，她不结婚，一个人也过得很幸福。

舒淇在《胜者为王》中有一句台词："单身会死吗？不结婚会被判刑吗？这个世界对我的歧视已经够深了，你不去质问这个世界，还要跟他们一起来歧视我啊！"

网上有句话说："懂你的人不用解释，不懂你的人不必解释。"

深以为然。越长大越明白，永远不必向别人解释自己的选择，不必解释自己的努力，不必解释自己的行为。

你只管按着自己的本心，去选，去做，然后去承担后果。

至于别人怎么想，随它去吧。

电影《我的姐姐》讲述了这样一个故事。

主人公安然的父母因车祸离世，留下5岁的小儿子和正在考研的女儿安然。

安然原本的计划是和男友一起考研，去北京读书，但父母的突然离世打乱了一切计划。

她的姑妈认为，她现在应该放弃读研，好好把弟弟抚养长大。而安然却觉得自己有自己的人生，自己的一生不应该被弟弟捆绑，一辈子围着他转。

于是，安然不顾姑妈的强烈反对，卖了房子，把弟弟送人抚养，自己去北京读书。

我开始也很生气安然的行为，觉得她实在太不顾惜亲情了，父母已经不在，居然还要把弟弟送人。

后来，我站在安然的角度想了想，她不过是想要为自己的人生做主，又有什么过错呢？

安然和姑妈产生矛盾冲突，是因为三观不同。在姑妈的价值观里，安然作为姐姐，为家庭牺牲自己，天经地义。但作为年轻一代的安然，很清楚自己的人生不只有弟弟，还有自己的路要走。

无所谓谁对谁错，只是谁也说服不了谁。

当然了，如果一个人非要把自己的观念强加给另一个人，即便是亲人挚友，最终也只能不欢而散，各自生一肚子闷气。

向别人解释自己的人生选择，是一件非常耗费心神的事。如果你笃定了自己的选择，就大可不必向每个人去解释。

记得村上春树说过："不解释就明白不了的东西，即使解释了也明白不了。"

所以，像橘子和安然一样，坚持做自己就好，不必向谁解释。

毕竟，成年人的世界，三观不同，不必强融。

第二章

给自己买花，陪自己长大

让自己
高兴点儿

01

今天下班刚好有个快递到了，但那是个大件，快递站离我的单元楼又比较远，一想到要跑那么远拿那么大的物件，心里就特别烦躁。

当我无精打采地走到快递站时，突然发现，因为太久没来拿快递，快递站的墙上竟然张贴了我最喜欢的明星的海报，而且是铺了满满一面墙，放眼望去，全是我的“最爱”。去取件时，因为快递太大，快递站的小哥还把运快递的小推车借给了我。瞬间，拿快递之前产生的一点小情绪跑得无影无踪，只留下了满满的愉悦。

就像下雨正在为打湿的鞋子烦恼时，忽然看到幕布一样的蓝天上忽然映出了彩虹，就顾不得鞋子湿了，只想赶紧拿手机拍下这道彩色拱门，发个美美的朋友圈。

这就是生活中的“小确幸”吧。

一次租房的时候，我认识了一个叫达达的中介姐姐，加了她的微信。一般情况下，租房认识的朋友，顶多能维系到租房结束，友谊也就自然终止了。但我和达达的友谊，却一直维持到了现在。

我得承认，之所以一直没有放弃和达达的友谊，是因为她是一个挺有意思的人。她常常连发牢骚都让人讨厌不起来，甚至还会觉得她有点小可爱。

有一年流感病毒肆虐，她中招了，烧到40摄氏度，在床上直直躺了三天。换作别人肯定得抱怨，朋友圈也多半是比较“丧”的文字。但她发了一张体重截图，配文是：“天哪，瘦了5斤，多年的愿望，居然实现了。这就叫因祸得福吧，哈哈哈哈……”

当时我也正在被病毒折磨，浑身疼得要死要活的，浑浑噩噩中刷到她的这条朋友圈，忍不住就笑了。

那些快乐的人，常常把苦痛随手丢在风中，把幸福放大了放在心里。

生活中的烦心事一点都不少，有时候生活就像在水底憋气，眼看就要窒息了，但只要你用力一抬头，便能露出水面，然后用力呼吸，那种舒畅的感觉就是生活的美好。

有什么大不了呢？只要你愿意让自己高兴，你就能高兴起来。

02

在我住的小区门口，有一个修鞋的摊位，主人是一位四十多岁的大姐。

我每天上下班路过她的摊位，总能看到她笑眯眯地坐在凳子上，一边听地上的小音箱放着的流行歌曲，一边不停地敲敲打打修鞋，忙得不亦乐乎。

第一次去修鞋摊是因为我的皮鞋太磨脚了，走起路来很不舒服。本来想把这双皮鞋扔掉，可那天我还是提着鞋来到了她的摊位前。

她接过鞋，用粗糙的手指摩挲了一下，然后微笑着对我说："我给你在后跟的里面钉上一块软皮就可以了，你要是着急的话，可以先去别处转转，一会儿再回来取。"

我并不着急，于是就站在路边等着她修。听对门的阿姨说过，这个修鞋的大姐家中有个瘫痪的老母亲需要照顾，丈夫身体不好，干不了重活，在小区门口的岗亭里当门卫。家里还有两个上初中的孩子，可想而知，日子过得并不如意。

但她嘴里轻轻哼着不知名的小曲儿，脸上带着心满意足的微笑，丝毫不在意马路上飞扬的灰尘和头顶上灼人的阳光。

活在这个世界上，总是很快乐的人，大都是有智慧的人。

“世上本无事，庸人自扰之”，有时候，即便在看似平坦的大路上，也会有硌到我们的小石头。关键在于，被硌脚后，我们关注的是可恶的小石头，还是远处的美丽风景。

03

无意中刷到一段脱口秀节目。

一位中年女性向主持人提问，她说自己从小就胆小、害羞，仅仅是为了来到现场，就纠结了整整四天。

主持人表现得十分惊讶，问道：“你为来这儿纠结了四天？”

他顿了一下，接着说：“可你还是来了。”

然后主持人又问她结婚了吗？生孩子了吗？得到确定的答案后，主持人说：“你其实挺棒的。只是以前你总是看自己没有什么，却不重视自己拥有什么。”

最后，主持人做着开车的动作说：“就像开车，你不能老盯着后视镜，你得多看挡风玻璃。”

莫言曾说，书要往后翻，人要向前看。如果有什么不开心，那一定都是过去的事了，哪怕过去了一秒钟，也算过去了。

过去的，再看也没有意义。往前看，才会有惊喜。

04

上周末，我去闺密晓晓家蹭饭。我们是大学同学，毕业后都留在了北京，而且住得不远。

她非常喜欢沙画，每次看她在那“指指点点”，涂涂抹抹，沙子在她手中一会儿变成草原上的一匹匹骏马，一会儿变换成墙下开放的小花，一会儿又变成鹅毛大雪中马路上的行人，看起来美轮美奂，令人目不暇接。然而下一秒，她手一抹，又剩下了一堆寻常的沙子。

我觉得很可惜：“你画得那么好，要能保存下来多好。”

晓晓一乐：“这是一种消失的艺术，它的魅力就在于不能保存。”

我惋惜道：“还是觉得挺可惜的。”

晓晓停下来说：“这些画要积攒下来，那得多少，根本没地方放。只要画画的过程是快乐的，不就够了吗？”

仔细想想，生活不也是这样吗？生活中的每一天，就像是我们在沙子上所作的画，尽管我们精心描绘的内容很快就会消失，但我们享受了这个过程就足够了，而它的魅力也恰恰在于此。因为不能保存，所以我们才要倍加珍惜。

就算我们画坏了也没关系。明天，我们还可以重新画一幅更好的。

既然我们最终要和一切挥手告别，那就不必忧伤，高兴点，才不辜负自己在这世上走一遭。

黑暗退去，晨曦升起，让自己高兴点儿，今天就是超值的一天！

做什么都是消耗一生，
不如把时间浪费在美好的事情上

01

虽然人气博主李子柒的视频断更很久了，但我仍会经常去翻翻她以前的视频，超喜欢做蜡染的那一期视频。

蜡染的染料是蓼蓝，它是一种天然的植物染料。

李子柒在松软的泥土里撒下蓼蓝的种子。

在蒙蒙细雨里，种子萌出嫩芽，蔓延成一片绿色。

蓼蓝成熟了，红花绿叶，被收割后放在缸中浸泡变色。

等待一段时日后，捞出茎叶，水过筛，滤掉杂质。

将石灰水与过筛后的染液搅拌混合，静置。

抽水过滤，挖靛泥，装在瓶子里避光保存。

白色的棉布放在锅里煮开，晾干。

画设计图稿。

……

从春到夏，从叶子泛黄到穿上厚厚的棉衣，再到桃花盛开。

染布被李子柒做成一道门帘，上面是靛蓝配枝头盛开的朵朵小花。

染布被李子柒做成床单、被罩、枕套……

李子柒穿着自己亲手染色、亲手缝制的斗篷和衣裙，站在花瓣飘落的桃花雨里。

短短16分钟的视频，花了整整一年的时间。

这个视频，我看了很多遍。总觉得时光漫漫，到处都是溢出来的美好。

02

如果生命注定是一场浪费，那么你只需要判断这场浪费是否足够美好就行了。

我们从小就被告诫别去做那些没用的事，做事要讲究效率，要看结果。于是，我们习惯了每日里匆匆忙忙，做了很多“有用”的事，却觉得生活乏味极了。

记得在《读者》的一篇文章里有一句话，大概意思是任何美丽的东西都需要时间去沉淀，需要用心去慢慢感受。三分钟就能出锅的速成菜，味道怎么能和经过两个小时文火熬制的浓汤相比？

活着就是体验美好的，完成了工作的KPI，做完了琐碎的家务，不妨就慢下来，去做一点自己喜欢的事。

一件事，你喜欢做，并且在做的过程中能感受到宁静美好，那这件事就是时间馈赠于你的礼物。

周末的时候，我通常舍不得睡懒觉，而是会早早起床，去做一些手工小零食。什么玉米片、拔丝地瓜、炸牛奶、草莓大福、爆米花、冰糖葫芦等，我都尝试过。

我关注了很多制作美食的视频，虽然经常是一看就会一做就废，但总有做成功的时候。

我最喜欢做的一款零食是雪媚娘。

先准备糯米粉、玉米淀粉、细砂糖、牛奶、黄油、淡奶油等材料，然后开始制作饼皮。饼皮蒸熟后，趁热放入适量黄油，黄油融化后，就下手揉面团——一定要趁热揉，一直揉到面团把黄油吸进去，变得光滑有韧性，拉很长都不会断的程度。

然后用称重器，把面团分成30克一个。再用擀面杖擀成薄片，放入一个半圆形的小碗，挤上打发的淡奶油，放一块芒果或者草莓，巧克力夹心饼干碎渣也行，再挤一圈奶油，把饼皮的边缘向中间捏起来。

最后，涂上糕粉防粘，扣上纸托，翻过来，摆入盘中，放冰箱冷藏半个小时。

我经常会把做好的雪媚娘带到公司，分给同事。有同事听说我做这个要花一上午的时间，不可思议地说："天哪！太浪费时间了吧，我可没那个耐心，我觉得想吃还是去蛋糕店买比较省事。"

去蛋糕店买，怎么能和自己做的同日而语呢？

自己制作，你看着材料在自己的手里一点点改变，最后改头换面，成为好吃的点心，这个过程是神奇的，也是让人心满意足的。

03

美好，大概就是放逐心在闲散的时光里散步。

但是，有时候，美好和现实总是狭路相逢。一边是生存，一边是向往，谁该退让？谁能胜出？

正所谓"狭路相逢勇者胜"，敢于许诺自己想要的生活，并愿意去争取的，一定是勇者。

在博客刚兴起的时候，我注册了一个账号。因为这个账号我认识了一个网名为"小桥流水落花"的插花师。

我很喜欢她博客的风格，她的每一篇博客都如同花儿一样散发着香味儿，不热烈，不浓郁，淡淡的，但能让我那浮躁的心安静下来。

那时候，我的工作也不甚如意，心烦意乱的时候，我就去看她的博客，常常忍不住给她留言。

留言次数多了，慢慢我们就熟络起来。熟了之后，我才知道她是一所“985”大学毕业的高才生，学的是金融，毕业后进入一家有名的大公司打拼。

在前途一片大好的时候，她偶然接触到了插花。她说，第一次看到普普通通的几枝花儿，一摆弄，竟然生出了令人惊艳的美，那个感觉就像和一个男人一见钟情，令她怦然心动。然后，她先是把自己所有的业余时间都贡献给了插花。

插花带来的愉悦让她欲罢不能。再后来，她实在不满足于仅仅在闲暇时间做这件事。仔细斟酌后，她干脆地辞了职，专心去学习插花。

听说她放弃了年薪几十万的工作，“不务正业”去学习什么插花，她的爸爸妈妈都快气疯了。

在父母眼里，花艺师根本就是“摆不上台面”的工作。他们不惜拿出一哭二闹三上吊的招数，逼她放弃自己的决定。

但是她打小就犟得跟头牛一样，最后还是父母妥协了。她在博客中写道：既然找到了生命中的美好，怎么舍得轻易放弃？有什么理由不去追逐呢？

为了更加系统地学习插花，她还拿着所有的积蓄，跑去日本学习。

如今，她是小有名气的插花师。她说，她很感谢和插花的相遇，她喜欢和花对话，喜欢插花时自心底氤氲出的快乐、宁静和安详。

美是疗愈心灵的“药”。因为这些看得到的美好，我们的眼睛也开始有光。

慢下来，
等等自己的心

01

曾经有很长一段时间，因为要赶一个项目，我每天唯一的知觉就是一个字：忙。

每天匆匆起床，匆匆塞一口早饭，匆匆赶往地铁，匆匆开始一天的忙碌……

整日匆匆忙忙，日子过得晦暗无光，内心慢慢枯萎，整个人被焦虑席卷，睡眠也越来越差。

等项目终于完成的那个周末，我原本打算睡个懒觉，好好补偿一下自己。但大概因为生物钟习惯了早起的缘故，一大早就翻来覆去睡不着了。

睡不着，干躺着也难受，干脆起床算了。

看了下冰箱里连个鸡蛋都没有。于是，我准备出门吃个早饭。

时间还早，早餐店里人不多，我要了一碗小米粥，一个茶叶蛋，转头一看，那刚出锅的油条实在太诱人，没忍住，要了一根。

我特意挑了一个靠窗的座位，咬一口酥香的油条，喝一勺小米粥，看路上形形色色的路人……

上一次这么悠闲地吃早点是什么时候？似乎已经是很遥远的记忆了……

每天忙于生计，四处奔波，看起来好像走了很远，可一旦停下来回头望，却发现心并没有跟上来。

忽然想起一个诠释诗人木心《从前慢》的视频：淅淅沥沥的小雨，铺着石板路的小巷，炊烟袅袅的屋顶，镜头抬高，慢慢切到老旧的火车站，火车喷着白烟，缓缓停靠在站台……

这样一幅静谧的画面，配上“……卖豆浆的小店冒着热气。从前的日色变得慢，车，马，邮件都慢，一生只够爱一个人……”的诗句，一种安心的美好就扑面而来。

是啊，生活需要慢一点。因为这样我们才能好好感受一杯茶的温度，一朵花开的过程，一场日落的壮观，才能感受到生活里细微处的美好。

记得电影《功夫熊猫》里的乌龟大师有一句台词：“你的思想

就如同水，我的朋友，当水波摇曳的时候，你很难看清楚。不过，当它平静下来，答案就清澈见底了。”

如果我们只顾着匆忙奔走，没有时间去思考，脑子里就只剩下催促的命令，搅得人不得安宁，也无法准确地找到正确的奋斗目标。

朋友圈曾经流传过一句话，“当你又忙又美，何惧患得患失”。猛一听，感觉好有道理，我甚至对那种又忙又美的状态充满了向往。

但后来经过一段颠三倒四的忙碌状态后，我发现，又忙又美，基本是不大可能实现的。反而是当你慢下来，因为怕被忙碌撞翻而藏起来的那种对美的追求才会流露出来。

这就好比你穿着修身的旗袍，踩着高跟鞋，却在急切地奔跑，气喘吁吁，一不小心甚至还崴了脚，摔倒在地，这么狼狈的一面，怎么会称得上“美”？

你必然得是走得笃定，走得从容，走得不紧不慢，才能显出优雅与美感。所以，纵然急切，也请先稳住心神，将纷扰澄清，着眼于当下，慢慢来。

慢下来，你会发现，物是美的，自己亦是美的。

慢下来，生活才不那么冷漠枯燥，你的心才会对美好的事物、美好的人生出期待。

02

大学的时候，我很喜欢上心理课，这门课对于我的专业来说并不是必修课，但出于对心理学的强烈兴趣，我特意选修了它。

因为心理课的上课时间是每周四的下午，于是，我开始对周四满怀期待。

对于其他的课程，我一般都是踩着点匆匆忙忙跑去上课。只有在周四，我会早早带上课本，准备好这节课要提出的问题，提早来到教室，与同学们一起讨论。

在周四这天，我会在繁忙的课业间不自觉地慢下来，充满仪式感地等待那一刻的到来。

记得《小王子》中小狐狸对小王子说：“如果你下午四点来，那么我会从三点就开始兴奋。时间一分一秒地接近，我会越来越开心。到四点钟的时候我已经开始跳来跳去了。所以，你若随时来的话，我的心便不知道该在什么时候期待你的到来……我们需要仪式……”

对待生活，也要像小狐狸一样，给自己设定一些仪式感。

这些仪式感不需要很多，也不需要很复杂，但一定要有，因为这是你慢下来，等一等自己的心追上来的最佳时机。

给自己留点时间，慢慢品味，你才能真切地感受到，自己是在享受生活，而不仅仅是在麻木地活着。

03

我们总是怕落在别人后面，唯恐自己被这个快节奏的社会淘汰，不得不拼命奔跑。但忙忙碌碌，未必就能有很大的收获；而不慌不忙，未必就做不好工作。

仔细观察下，你会发现，很多人表面上看起来或东跑西奔，或伏案疾书，或又翻又找，嘴里也不闲着，一个劲儿地嚷嚷着没时间，给别人的感觉就是他很忙，忙得不可开交，好像一天做了很多的事情。可最后复盘下来，却发现他没什么效率，不但任务没完成，而且质量也不合格。

同事静云，一点都不像她的名字那么安静。她走路带风，做什么都是风风火火的，每天忙得团团转，她的口头禅就是："哎呀，忙死了，忙死了。"

她常常忙得不是把文件落在家里，就是忘了保存做了半天的PPT（演示文稿），或者是忘了与团队的同事及时沟通，导致两人重复做了某一件事。

她常常调侃自己年龄大了，记性越来越差，但实际上她才三十多岁。

有一次，她忘记修改领导头一天交代的文案，第二天客户到来，打开PPT看到的还是旧文案。结果客户拂袖而去，认为我们做事不专业不认真，拒绝再继续合作。

为此，领导把她狠狠骂了一顿，她承受不住压力，就辞职了。

想要抓紧每一分每一秒去努力奋斗，想要在最短的时间里做最多的事，这种想法也许是好的，但结果往往是越忙越乱，越乱越错。

曾经看过一个科普小短片，介绍的是心脏的工作方法。我们知道，心脏一直在跳动，看起来似乎是没有休息，一直在工作，那它为什么不会疲劳呢？

事实上，心脏并非一直在工作，它也是会休息的。只不过，它的休息方式比较特别。

心脏每跳一次，包括收缩和舒张两个过程，一张一弛，收缩就是在工作，舒张就是在休息。这种有规律的工作和休息，是心脏能够一直跳动、不知疲倦的原因。由于心脏每次的舒张时间长于收缩时间，算下来，心脏每天的工作时间并不长，大约1/3的时间在工作，2/3的时间在休息。

连心脏都知道要让休息的时间长于工作的时间，才能跳动得更长久。所以，就算是为了碎银几两，又何必事事慌慌张张？你可以时不时停下来，或者慢一点，忙里偷点闲。这不是浪费时间，而是在补充能量。

午休时间，抛下繁杂的工作，和同事聊聊身边有趣的事，或者窝在软软的抱枕上小眯一会儿。

下班回到家，换上软软的拖鞋和舒适的睡衣，陷进松软的沙发里看会儿喜欢的书，享受一段静谧时光。

……

身体再忙，也不能忽略自己的心，更不能把它丢下，让身体独自跑了。

心跟不上，你就看不到沿途的风景，也感受不到生活的快乐。

有心在，目光所及皆是美好，心中所想都是温柔。

给自己买花，陪自己长大

01

心情不好的时候，感觉压力特别大的时候，我就会去逛逛花卉市场。

把身体和心灵放在沁人心脾的花香里熏半个小时，浑浊的心就开始变得澄明，沉重的身体也开始变得轻盈。

临走的时候，买几枝百合、玫瑰或者薰衣草捧着，感觉自己就像是被宠爱的公主。

上大学的时候，总觉得哪里有女孩子自己给自己买花的道理？如果女孩给自己买花，那感觉应该很奇怪吧。

虽然我们宿舍的几个姐妹，喜欢的花不同，但我们一致认为，这么美好的东西，应该是恋爱时男朋友送的，才算浪漫。

睡在我下铺的小梅最喜欢玫瑰，一直向往能收到大朵大朵的红玫瑰，每每看到电影里那一幕幕真情告白的场景就犯花痴。她说她最大的梦想就是有一天能遇见一个目光温暖的男人，抱着一束红玫瑰突然出现在自己面前。

大三那年，小梅生日，她终于如愿以偿收到了梦中的红玫瑰，只是送她玫瑰的人并不是她所中意的人。想象中的那一份惊喜与感动，变成了失落和无奈。

此后，她再也没有疯狂地期盼过谁给自己送玫瑰。再后来，小梅也没有嫁给一个常常送她玫瑰的男人。相反，她的丈夫一点都不浪漫，甚至有点木讷。

有一次，我看她在朋友圈里晒出一大束鲜艳欲滴的红玫瑰，配文说：“一直喜欢，从未改变。”

我问她：“你老公学浪漫了，这不还没到情人节吗？”

她回复说：“这是我给自己买的啊，你没听过那句话吗，‘给自己买花，陪自己长大’。”

那一刻，我忽然觉得，女孩子长大，大概就是从给自己买花开始的吧。

如果总是把幸福寄托在别人身上，那么生活里多的是望穿秋水的等待。不如学着自己给自己找寻幸福，自己给自己买花；也许不会有意想不到的惊喜，却能随时随地哄自己开心。

02

生活中有太多的女孩子长大后，没有学会哄自己开心，而是只顾着让别人开心。为了学习，为了工作，为了家庭……她们不断做出各种努力，没有爱惜自己的身体，也压抑着自己的情绪，早就忘记了怎么去爱自己。

大雁在结婚前，是我们那个“在京吃喝玩乐”群里最活跃的女生。她热衷于各种出游活动，以前经常在群里组织大家去漂流、徒步、骑行，她的工资基本也都消耗在这些活动上了。

但自从她结婚生娃之后，基本就在我们的朋友圈里销声匿迹了。有时候，大家忍不住在群里点她的名，问她怎么一下子变宅女了？她回道：想出去浪，没钱啊。

有一次，我约她逛街，在商场里，从玩具到衣服鞋子，她给孩子扫了一堆，也给老公买了衬衫、领带。

我说，该给你买了。她说：“再看看吧，我倒也不缺啥。”

我们俩一起看化妆品，她看起来很喜欢一款口红，但看了价格，要200多块，就放下了。又看了一支很显气色的大牌眼影，但她却说：“我平时也懒得化妆，好像没必要买，算了。”

又逛到一个品牌的运动衣在做活动，折后300多块，我试了试效果不错，决定入手一套。我怂恿她也买一套，但她连连摆手说：

“算了，我觉得有点贵。”

一路逛下来，她什么都没给自己买。

其实，她看中的也不是什么奢侈品，以她目前的收入也完全能支撑得起这些消费，可她就是不舍得给自己买。

你什么都嫌贵，穿的嫌贵，吃的嫌贵，脸上用的也嫌贵，最后可能受委屈的只能是你自己。

总是对自己不舍得，总是亏欠自己，早晚有一天，你可能会因为别人一时的疏忽而委屈到崩溃。

因为你不去满足自己，一味去满足别人，就难免会对别人心存期待，希望别人也注意到自己的需求，主动满足自己。

这种期望值，会随着自己付出的增多而不断提高。直到某一天，你发现自己的需求和付出根本没有人看见，就会感觉委屈。委屈积累多了，情绪就不稳定，你的脾气就会变差，你的抱怨可能也会越来越多。最后你可能会得到很多嫌弃与不耐烦。

那些突如其来的脾气，往往都是积攒了很久的委屈。

可是，如果连你自己都舍不得对自己好，怎么能去怪别人对你不够好？

与其祈求别人来满足自己，不如自己满足自己。

情感作家苏岑说过一句话："女人就要富养自己的，你身上所有的焦虑和戾气，都是亏待出来的。"

03

某天下班回家，我看到小区楼下新开了家花店，就走进去挑了几束郁金香和小雏菊，没想到店员妹妹还送了我一个新的玻璃花瓶。

我的心情顿时像麻雀一样飞来飞去。有什么能比宠爱自己、满足自己更能让自己开心的呢？

时光匆匆忙忙，日子深深浅浅，下班的路上，碰到卖花的人，就给自己买一束吧。

心情不好的时候，买一束，哄自己开心。

心情好的时候，也买一束，尽情享受心情雀跃的美好一刻。

给自己买花，满足自己的需求，用爱把自己的心填满，你会发现，陪自己慢慢长大的感觉真好。

你本来就很可爱，这和有没有人爱你无关

01

终于，看到朋友墨墨更新了一条朋友圈状态：“不管有没有人在乎你，欣赏你，你都在绽放！”配图是一朵很寻常的小花，看起来是路边随手拍的。

她的朋友圈差不多有一年没有更新了，这次更新，看起来心情还不错。

我立即打开了和她的对话框，问：“墨墨，你终于发圈了，看起来心情不错哦。”

然后，我盯着对话框上的“对方正在输入”，许久，却只收到了三个字：“嗯，还行。”

我觉得她可能不想被打扰，或者正在忙，就没再回复。

没想到过了半个小时，她又发来长长的一段消息：“你别介意。其实，我刚才是特别想和你分享喜悦的，我的抑郁症好了！感觉有很多话，一时又不知道怎么说……现在回忆起经历的那段黑暗，还是有点瑟瑟发抖……以前我很自卑，现在我觉得自己也不是那么差了。”

墨墨是我很早之前的一个同事，因为工位挨着，打交道多了就成了朋友。我知道，她的老家在甘肃省一个偏远的村庄，家庭条件很不好。

她对我说，因为她是家里第三个女孩，出生的时候，爸爸看都没看她一眼。爸爸不喜欢她，妈妈也不怎么喜欢她。一直到高中，她从来都没有穿过一件新衣服，过年穿的也是姐姐的旧衣服。

有一年，班里的女生很流行穿带着蕾丝边的白色皮鞋，穿上去看起来就像可爱的洋娃娃。

她想了很久，终于鼓起勇气，小心翼翼地向妈妈提出想买一双白色皮鞋。妈妈说：“穿得好看有什么用？少把心思放在这上面，学习成绩好才有用！”

为了考出去，她复读了三年。毕业后，她的工资一大半都寄回了家里。她还有一个弟弟在读书，她觉得自己应该尽力帮帮家里。但即便是这样，她的爸爸妈妈也还是不满意，觉得她没有尽力。

他们不知道，墨墨的薪水也不算多，为了支援家里，她过得很辛苦。她租住的是地下室，很小，只能放一张单人床、一个小桌子，床头的“衣柜”也是拿纸箱充当的。

午饭她都是自己带，不是一个素炒白菜，就是素炒土豆丝，连鸡蛋都很少见。她穿的衣服，也都是网上几十块钱淘来的。

为此，她很自卑，她从不和大家聚餐，也很少说话。有一次公司搞年终联欢，领导要求每个人都必须出一个节目，她低头嗫嚅了半天，说自己什么都不会，能不能不参加？

其实，她除了吃得不好，穿得不好，性格不够活跃，其他各方面都挺优秀的。她有一个高挺的鼻梁；她写得一手漂亮的意大利字体；她手很巧，几根绳子在她手里上下翻飞，不一会就变成了一条手链……

一次，我对她说：“公司刚来的男生好像很关注你啊。”她居然红了脸，忙不迭地摇头，就像一只受惊的小猫。

后来我离职了，我们之间的联系就少了。再后来，听说她抑郁了，不得不去接受心理治疗。

还好，她终于走出来了，重新活回了自己。

02

有时候，并不是我们自己本身真的差劲，而是我们看不到自己的好，才会觉得自己不配拥有更好的。

为了得到别人的认可和爱，我们拼尽全力去迎合对方。遗憾的是，这就像是在填补别人身上的无底洞，不管付出多少，都不能让对方满意。

但真正需要获得的认可，并不是来自别人，而是来自你自己。

相信“我本来就很好”，才是自己的光。

爱自己不是自恋，更不是自私，爱自己只是让自己接纳自己原本的样子。

有一段时间，我痴迷地追一部叫作《听见她说》的女性独白剧，里面的第一个主题故事叫《魔镜》。我特别心疼这个故事里的女主角，她一直觉得自己很丑。比如，嘴唇很厚，鼻梁塌，脸又方又大，脱发很严重，随时感觉自己要秃了。

因为对长相很自卑，所以她每天要花3个小时在化妆上面，甚至在家里也戴着假发。

有一次，她精心打扮后参加同学聚会，回家后发现双眼皮贴不知道什么时候脱落了，她当场崩溃大哭。

女主角在剧中没有名字，就像她这个人一样，已经完全失去了自我。外界的评价、事业、爱情、人生的一切对她来说都只和美丑相关。这种对容貌的极度自卑，已经完全摧毁了她人生的所有意义。

最后她厌恶极了自己的长相，选择去整容，医生却告诉她："在我看来，你很漂亮。"

《魔镜》中的女主角，就是因为少年时代在学校被大家嘲讽"腿粗"，她才开始关注自己的外貌，在成长过程中逐渐习惯于"自我丑化"。

生活中，我们有时候也会特别在乎别人的评价和看法，却不知道，有时候别人不过是随便说说而已。如果你自己将这些评价烙在心里，就会成为一生的伤。

03

别人是不是喜欢你，根本就没那么重要，重要的是，你是不是喜欢自己。

他人给予的都可能收回，只有自己给自己的才能不离不弃。

你一旦开始爱自己，就不再需要这个世界来告诉你，如何才能变得更好、更美、更迷人。

你一旦开始爱自己，就不会再需要别人来告诉你，你有多少优点，有多值得被爱。

当你的心中充满了爱，你就不会要求被爱，就不会像乞丐一样拿着破碗到处去请别人填满。

就算鲜少有人爱你又何妨，人无完人，怎可能讨每个人喜欢。

不要因为你的自卑和胆怯而否定那个可爱的自己，因为，你身上一定有别人看不到的小美好，只有你知道。

第三章

像大人一样生存，像孩子一样生活

生活不简单，尽量简单过

01

上周收拾衣柜，倒腾出一堆应该有好几年都没穿过的衣服。翻出来看看款式和颜色，自己都被震惊到了。

曾经很流行的深咖色短裙、黑白格子短外套、两个大口袋的玫红色卡通带帽睡裙、紫色小开衫，还有各种颜色的丝巾、围巾、帽子……款式五花八门，颜色至少集齐了彩虹的七色，满满当当扔了一床。乍一看，竟然有点摆地摊的既视感。

但这些颜色花里胡哨，款式追逐时尚的衣服，被我穿在身上的次数却寥寥无几，有的甚至从买回来就在衣柜里吃灰。

再看看现在平时穿的衣服，颜色和款式都很简单。颜色多半是低调的白色、灰色、黑色，款式也都是多年不变的基础款，比如简单的衬衫、普通的牛仔裤、卫衣、T恤等。

一年四季，翻来覆去常穿的也就那么几套。

也许衣服和朋友差不多，微信里的好友加起来能排一公里，但真正常联系的、熟识的、谈得来的，也就那么几个。

20岁的时候，喜欢热热闹闹，到处呼朋引伴，热衷于各种繁复的仪式流程。

30岁的时候，忽然发现，人际圈子还是简单点好。

简单一点，不仅自在，还很清爽。

02

每次上下班，经常会碰到住在同一小区的一位大姐。说是大姐，其实她儿子都上大学了，估计也快50岁了吧，但看起来像是不到40岁的样子。

她很会穿搭，我特别喜欢她深秋时候的一身打扮：一件麻灰色的及膝大衣，里面是一件天蓝色的打底衫；下面是黑色的直筒裤，配一双鞋跟不高的黑色皮鞋；头发烫了一点波浪卷，但不是很明显。

穿着既不时尚，也不前卫，但就是令人感觉很舒服，大方又优雅。

有一次，她有事来我家小坐了一会儿，不知道怎么就聊到了穿衣服上。

她说："我不太赞同现在的年轻人，总是爱买很多衣服。"

我笑道："可是，虽然衣服多得衣柜都装不下了，却还是觉得差了一件。"

"我一个朋友就是这样，上次我去她家。她那个衣柜，哎哟，塞得满满当当的，想扯出一件都费劲。"

我哈哈大笑，又不失时机地"奉承"她："你的衣品就很好啊，有没有什么诀窍？"

"诀窍谈不上吧，我就是买得少。"她指了指自己身上的宽松版米白色衬衫和黑色裤子，"你看我这身衣服，还是前年买的。一个季度，我也就买一两套衣服，不会多买。而且买一套，就会淘汰掉一套。"

"为什么要这样？多几套衣服不是更好吗？"我很是不解。

"太多了只会带来扰乱，选择多了，纠结就多了，会浪费不必要的时间和精力。"

我恍然大悟："还真是这个理儿。看来衣服多了，并不是好事啊。"

"我觉得是这样，而且买得少了，买的时候就会特意挑选精品，耐看也耐穿。如果是随便淘，淘了一堆，不是穿几天就不喜欢穿了，就是穿着不舒服就不爱穿了。"

是啊，简单的款式，简单的颜色，简单的搭配，可能不会出彩，但也绝不平庸。

生活，不也是这样吗？

我们总是期望轰轰烈烈、热热闹闹，但真正舒适持久的状态，还是曾经令我们不屑一顾的简简单单。

03

以前，我总是喜欢置办很多东西，连手机壳都得准备好几个换着用，甚至如果家里没有准备几个出门买菜用的布袋，就觉得缺了点什么。

所以，我很怕搬家。搬一次家，就像蜕了一层皮。而且别人蜕皮是为了脱胎换骨，我则是一边忍受痛苦，一边想着要把蜕掉的皮也打包带走。

我更怕出远门。出个远门，光是准备东西，就让人焦头烂额，筋疲力尽。小到一次性马桶垫、眼镜布，大到防寒外套、鞋子，感觉少一样东西没拿，整个行程就会受到很大影响。

往往出一次门，我会在出门前一周无比焦虑，出门后一周无比疲惫。

有一次，我一边收拾东西，一边崩溃地想：我为什么要把事情搞得那么复杂？过那种家里简简单单、清清爽爽，想出门背个包站起来就走的生活不好吗？

于是，我决定改一改这耗神费力的复杂生活，我也确实已经无力应付了。

生活，究竟能不能简单一点？简单到什么程度最舒服？我决定先从厨房开始改变。

单说锅，我们家就有整整九口：一个带模具的电饼铛、一个小炖锅、一个高压锅、一个小汤锅、一个平底锅、一个砂锅、两个炒菜锅、一个电饭煲。当然，除了一个炒菜锅和电饭煲平时经常工作，平底锅偶尔“上岗”，其他锅基本都在柜子的角落里“闭关修仙”。

还有各种大大小小的调料瓶，各式各样几十个，用的时候得看标签才知道里面是啥；还有勺子，长把的、短把的，搅咖啡用的、吃蛋炒饭用的、喝汤用的……还有各种保鲜盒，装水果用的、装蔬菜用的、装剩饭用的……

一通收拾下来，我感觉住在这里的人即便不是疯子，也和疯子差不多。

接下来，我经历了一场结结实实的断舍离，买的时候多开心，舍弃的时候就有多痛苦。

现在，我的厨房里的炒锅就剩下两个，如果算上电饭煲，那就是三个锅。另有一把锅铲、五双筷子、两把勺子、六个盘子、五个碗，加上每餐必需的油盐酱醋等基础调料。

厨房收拾完之后，我又对衣柜和鞋架进行了断舍离。最后卧室的衣柜只剩下了常穿的几套衣服，鞋架上的鞋子也不超过十双，包括拖鞋。

当我不再什么都要，整个世界仿佛都安静了。

所有的喧嚣都忽然落地，隐入尘土；所有的烦躁都化成了一缕青烟，随风飘走。

04

所谓美好，不过是需求刚好被满足。就像吃饭，吃八分饱，刚刚好；如果你非要吃撑，扶着墙走，那就不是美好，是遭罪了。

简简单单的一日三餐，一荤一素，一菜一汤。再加上爱的眼神、温和的笑、柔软的话，在时光里慢慢沉淀，就会成为记忆中最温情的美好一刻。

小的时候，我们是胖乎乎的蚕，一片桑叶就能满足。

长大后，我们变成了刺猬，身上的每根刺上都长满了欲望。欲望让我们变得焦虑，变得疲惫，变得自己都认不出自己。

与其说是世界变复杂了，不如说是我们自己变复杂了。

蜕去童年的纯真，披上成年人的盔甲，我们依然可以拥有童年纯粹的心，用单纯的眼睛去看生活。

节制欲望，就可以让我们回到孩童时代，感受那时随时都能得到的满足。

生活一直不容易，但可以一直很简单。

一辈子很长，
要成为有趣的人啊

01

偶然在手机上看到了一个很有意思的段子。

红红说：“我收到了一张法院的传票，说有件重要的案子要我明天出庭作证。”

火火问：“你觉得紧张吗？”

红红说：“非常紧张，因为我不知道穿哪条裙子好。”

我因为红红的这句话，爱上了看似无脑的她，好想和她成为朋友。

毕竟，好看的皮囊千篇一律，有趣的灵魂万里挑一。

在一年365天，有366天（多出来的那一天是透支下一年的）都没啥意思的平淡日子里，有这样一个有趣的朋友，必须算得上是三生有幸。

小雪是我为数不多留在北京的高中同学之一。她高中的时候就喜欢化学，现在是一名化学老师。

有一次，她邀请我和另外几个朋友去她家。刚进家门，她就端着一大盆肥皂泡沫水让我们每个人都“洗洗手”。

我们本着“进门先洗手”的原则，每个人都用盆里的肥皂水洗了手。正当我们要去洗手间把肥皂泡冲掉的时候，她拿出了一支做实验用的丁烷喷枪，不由分说就要往我们手上“喷火”。

我们都吓得跑到桌子后面，吱哇乱叫地说：“你要干什么！不想留我们吃晚饭也没必要搞‘谋杀’吧！”

只见她哈哈大笑，把丁烷喷枪往自己手上的肥皂泡沫一喷，没想到她的手上竟然燃起了橘黄色的火焰，泡沫在她的手上被点着了！

我们都十分震惊，问她这是怎么回事。小雪得意地说：“这是肥皂水和打火机里常见的丁烷成分相互作用的结果，化学方程式是……”

还没等她说完，我们就跑去抢了她手中的丁烷喷枪玩了起来，把这个自顾自讲起课来的小雪老师丢在了一边。

有趣的人，最大的特点就是总能在无聊的生活里找到乐子，这是他们对付无趣生活的独门秘籍。

一次，我和同事苗苗去公司附近的牛肉面馆吃饭。苗苗拿着菜单，指给我，小声地说：“36块一碗，看起来不错。”

我瞅了一眼菜单上面铺满牛肉片、冒着袅袅热气的一大碗面，没出息地咽了一下口水。

想起以前吃的那种牛肉面：一碗面条，上面规规矩矩地趴着一两片又薄又小，若不小心翼翼都夹不起来的牛肉，很不屑地撇了撇嘴。不过，现在想想，也不能怪人家，毕竟那种牛肉面才16元，比这个足足便宜一半还多呢。

我们俩痛快地用手机下单了两碗面，为了搭配面里的牛肉，还专门加了一份凉菜双拼——黄瓜和海带丝。

不到五分钟，面来了。我很知足地看着好大一个碗，由服务生双手护送，快速移动到了我的面前。

然后，我们看到的是：一碗规规矩矩的面上，乖乖趴着两片薄薄的牛肉！这……

苗苗从碗里抬起头，大声喊：“老板，老板！”

服务员一路小跑过来，微微哈腰，非常客气地问：“这位女士，您好！请问您有什么需要的？”

苗苗用筷子挑起碗里薄薄的牛肉片，非常礼貌地说：“没什么需要的，我就是想请你转告你们老板，下次牛肉少放一点，我吃不完。”

我听到邻座一个男士没忍住的笑声，为了配合苗苗演下去，我没敢笑，看了一眼服务生。

只见服务员有点尴尬地瞄了一眼放在桌角还没来得及合上的菜单，我顺着他的目光，看到那一碗面的下面，刚才被忽略的一行小字：图片仅供参考，请以实物为准！

哈哈哈哈哈哈哈……我也忍不住笑场。

苗苗淡定地开始吃面，服务员已经悄然离去。

后来，每每回忆起这个场景，我都忍不住嘴角上扬。

一碗面里少了几片牛肉，却多了一份开心的回忆。

有趣的人，哪怕在尘土飞扬、狂风骤雨的生活里，也能抓住那偶尔闪过的亮光。

02

我们常常能在短视频中看到一些其貌不扬的男人，身边的女伴都很漂亮。可能有人会感到奇怪，凭什么他们能抱得美人归？

答案可能有很多种。其中有一种答案是：这个男人用有趣征服了佳人。

大学时有一个女同学是个新疆女孩，非常漂亮，而且她那对长长的睫毛下有一双褐色的眼睛，时常闪烁着不易察觉的孤傲；那高窄的鼻梁，也带着一点酷酷的冷漠。

她远远地走过来，男生会停下一切正在进行的动作，望着她出神。

追她的人，从宿舍门口能排到校门外。

我们也会在背地里偷偷议论，哪个男生能在这场夺美比赛中胜出？

舍友小梅说："能胜出的男生，绝非凡品，一定是个顶级大帅哥。"

亚楠不屑地说："你就是个'颜控'，目光短浅，长得帅能当饭吃吗？那必须得家境优渥啊，比如英语系那个富二代。"

我推了亚楠一把，说："我看你是'钱控'，想钱想疯了。要我说，也许还是那个每次都考年级第一，个头得有一米八的男生吧，看起来多般配。"

男生们都在偷偷摩拳擦掌，跃跃欲试，女生们则是既羡慕又好奇。大家都想知道，最终，花落谁家？

结果，让所有人大跌眼镜的是，最后胜出的那个男生，既不是帅哥，也不是富二代，更不是成绩第一那位，而是一个从头到脚毫无亮点，扔到大街上绝没人多看一眼的普通男生。

我们都很好奇，为什么是这个男生？这个男生究竟用什么魔法把大家的"女神"勾走了？

后来，我在校园网上无意中看到这个新疆女孩分享的帖子，终于看出了一丝端倪。

我养的文竹死了，我很难过。我喜欢养些小植物，但总是养不活。大大小小养死了得有七八盆了吧，男朋友说我上辈子准是让植物闻风丧胆的害虫“英雄”。

本来准备放弃了，他又送来了一盆小小的仙人掌，还附了张卡片：“亲爱的，文竹太矫情了，经过一番思索，决定转世为仙人掌，来接受你的考验。你放心随便养，千万不用有啥顾忌，因为我已经做好了下次投胎的准备。”

今天晚上，我们下了自习去学校的小超市买饮料。我正在阿萨姆奶茶和橙汁之间摇摆不定时，他冲过来把两瓶都买了。

“哎，买一瓶就够了！”

他突然戏精上身，捏着嗓子：“娘娘，做决定不是一件容易的事，请娘娘回宫再定夺不迟。”

……

帖子的最后，她写道：爱情无解，于我，无他，有趣就好。不然长路漫漫，那么枯燥的一天天，想想就痛苦啊……

不用装，我承认我嫉妒了。和有趣的男人谈恋爱，那感觉很美好吧？怕是连睡觉都会笑醒。

有一次，亚楠再一次吐槽：“真不知道那个男生有什么好！”

我默默揭晓了答案：“因为他是个有趣的男人。”

经过我对“男人一定要有趣”的大力渲染，有趣，成了我们宿舍选择男友的重要标准。

有趣的男人就是最炫的魔术师，看似不经意地动一动手，就能变出令人尖叫的惊喜。

不过，毕竟好看的皮囊千篇一律，有趣的灵魂万里挑一，想遇到有趣的男生还是蛮难的。

没关系，如果你还没有找到有趣的男朋友，可以先尝试让自己变成有趣的女孩子。

如果你觉得自己生活里缺少趣味，也不必一边羡慕别人的有趣，一边痛恨自己的乏味。因为，所谓有趣，有时候就是换个角度看问题，跳开常规的思路而已，你也可以做到的。

03

一次，公司搬了新家，物品成箱地堆在地上，大家都不愿意周末来整理，只有我和同事小荷打算周末来收拾一下。

拆箱，取出物品，然后把物品归位……我和小荷在公司里来来回回走动，几个小时下来只感觉腰酸背痛，两条腿都麻木了。

小荷靠在旁边的架子上，用手捶着自己的腰，疲惫不堪地说：“我刚看了下手机，这一个上午，我竟然走了8000多步。”

我一听，很开心地说：“走路是要耗油的，你算算，这一个上午，你得消耗多少脂肪？”

小荷低头打量着自己的双腿：“说得对，我觉得……你看，我这腿是不是变细了不少？”

我看着她的腿，想了一下，若有所思地说：“我想，你应该是属于那种油耗比较低的车。”

“我……”小荷无言以对，气笑了。

在嘻嘻哈哈的打闹中，我们竟然也不觉得太累了。

生活本来没有意义，需要我们赋予它特殊的意义；生活本身也没有什么乐趣，需要我们主动去寻找它的乐趣。

有什么比让自己开心、让身边的人和自己一起开心更重要呢?

让自己开心，你的内心会充满鲜活的能量，不会感觉贫瘠匮乏；和身边的人一起开心，你的身上会生成一种磁场般的魅力，就算是阴天，你周围的人也会觉得如沐暖阳。

一辈子很长，一定要成为一个有趣的人啊。

像大人一样生存，像孩子一样生活

01

看看日历，五一到了，六一也不远了。这几天，我一直在想，今年的某连锁快餐品牌儿童套餐会送什么礼物呢？

我点开摆在桌子上的鸭形玩具，看它扭动着笨拙的身体，同时两只小手轮番举起来，真的是又蠢又萌。

这是去年该品牌在儿童节前推出的儿童节礼物，结果一出场，就在大人的世界里出圈，迅速火出天际。有人说，这是一款“对小孩太幼稚，对大人刚刚好”的玩具，对此我非常认同。

当我看到朋友圈里有人在展示一只胖嘴鸭，那魔性的舞姿，配上复古的音乐，第一时间我就确定，这是我最想要的儿童节礼物。

结果，跑了几家肯德基店，得到的都是“对不起，这款玩具没有了”的回复。呼叫该品牌外卖电话，得到的也是“您好，这款玩具无货”的回答。我不甘心，又查着地图，去更远的地方跑了好几家店，才得到了这只蠢萌的小鸭子。

不知道有多少人和我一样，作为一个成人，还这样不顾一切地抢儿童套餐，只为了那个赠送的玩具。

自从有了小鸭子玩具，无聊再也不肯来见我，因为一个人的日子也可以过得快乐到飞起。

我学着网上别人发布的视频，也给我的小鸭子玩具写了不少“标语”。

忙了一天，还要回家加班，很烦！我就撕两个纸条，一张写“报告！”，另一张写“我想追剧”。

然后，看着小鸭子一只手举起“报告！”，然后放下；另外一只手又举起“我想追剧”，然后又放下。我瞬间就释然了：如果这个班非加不可，那就开心点加。

扎头发的皮筋，总是被我随手一丢，然后就找不到了。我灵机一动，把皮筋套在小鸭子玩具的胳膊上，然后写纸条“皮筋”“在这里”。事实证明，小鸭子玩具是个很称职的小帮手，皮筋从此就没再丢过了。

……

可以说，自从有了小鸭子玩具，我的生活就开始变得更好玩了。

我把小鸭子玩具的视频发给我妈，我妈送给我一句话：“你可真幼稚！”然后，又不放心地问：“你是不是一个人在外面压力太大了，怎么会痴迷这小孩子的玩具？”

我说：“妈，有了这只小鸭子，我都不知道压力是啥了，哈哈。”

长大了，开心就像影子，总是往后躲。

如果我们总是朝前看，那就永远没有和影子遇见的机会。

但如果我们回头，就能和影子握手言欢。

童年的那份纯真，其实从未远离，只需要你一转身，就能碰到。

不仅仅是儿童节，在任何一个寻常的日子里，我们都可以很认真地、很郑重地满足一下自己的好奇心。

02

去年夏天，我回老家住了几天。我姐知道我回来了，就把还不到6岁的女儿妍妍送来陪我玩。

对于姐姐的这个行为，我是这样理解的：让个小屁孩来陪我，我姐的用心，明显是把我当免费保姆了。但是，我可不敢把这个想法表现出来！

不过，相处了几天，我不得不承认，我的确是被陪伴的那一个。而且不仅是被陪伴，还是被治愈的那一个。

回家的第一天，妍妍就让我带她去地里玩。我很惊讶，不是都说现在的孩子都喜欢玩手机吗？

我不解地问："地里有啥好玩的？天气这么热。"

妍妍说："地里好玩的东西多着呢，有大蚂蚁、螳螂、纺织娘、天牛、蚂蚱……"

我妈说，妍妍最喜欢去地里玩，她对那些小虫子可着迷了。我这才知道，妍妍是个虫子迷，一天到晚都在找虫子、研究虫子。

为了避免被太阳晒黑，我涂了厚厚的防晒霜，和妍妍7点半就出门，为的是10点之前就回来。到了地里，妍妍就撒欢跑了。

我瞅瞅天上明晃晃的太阳，把防晒帽的带子紧了紧，同时小心关注着是不是有蚊子袭击我。

我说："妍妍，你小心有蚊子啊。"

妍妍："姨姨，我正想找蚊子呢。"

我："为什么？"

妍妍："我想看看蚊子的嘴巴是怎么吸血的。"

我说："蚊子的嘴巴很长，直接刺入你的皮肤。它不仅吸血，还会传播疾病，最可恶了。"

妍妍却说："我觉得蚊子也很可怜的，它吸血是为了生宝宝啊，公蚊子就不吸血的。"

这么一说，我怎么觉得蚊子吸血也挺情有可原的，甚至还有那么点柔软的温情。

难道维持了30多年对蚊子的恨，就这么被一个娃娃颠覆了？

“你要是看到蚊子，先别拍死，让我看看。”妍妍举着自己手里的放大镜，认真地对我说。

情况不妙！

我马上转移目标：“快，妍妍，那儿好像有一只蟋蟀。”

“在哪儿？在哪儿？”妍妍小声问，身体也不敢动，生怕把蟋蟀惊走了。

“在那儿！在那儿！”我随手一指。

看着妍妍屁颠屁颠去草丛里寻蟋蟀，我暗想：“还想看蚊子是怎么吸我血的？和我斗，你还是嫩了点，哈哈。”我暗暗给自己的机智点了个赞。

看妍妍找得这么开心，我也忍不住弯下腰，噤声，开始四处寻觅。

最后，我俩的战利品是两只蟋蟀，五只蚂蚱。

不过，妍妍只留了一只蟋蟀一只蚂蚱，其他的都放走了，说让它们回家找妈妈。

我说：“为啥这两只不放？”

她说，她看出来了，这两只是孤儿，可以带回家玩一会儿，要不它们也会孤单的。

我只好看着她把两只“孤儿”带回家，陪她玩了一下午。

天快黑了，我又被妍妍拉去寻知了。我俩拿着手电筒，我妈也加入了我们的队伍。

我感觉就像回到了小时候，和小伙伴们在村子附近的小树林里，一棵树一棵树地找正往树上爬的知了。那时知了多啊，要不了多久，就能捉到满满一个罐头瓶的。

现在，树少了，知了也少了。我们仨拿俩手电筒，在环村路上，这棵树照照，那棵树照照，常常走很远，啥都没找到。好不容易找到一只，那是真的开心啊。

“知了真的在地底下藏了十几年才出来吗？”妍妍把一只知了放在手心，轻轻地托着，抬头问我。

我说：“是啊，听说最长的会在地底下待17年，最短的也有3年呢。”

妍妍想了一会儿又问：“那你说，知了在地底下的时候，会不会害怕？地底下那么黑。”

这个，我得承认，我也答不出来了。

看着远方渐浓的夜色，偶然有汽车的灯光扫过来，我忽然心生感慨：童年的彩色是什么时候褪成了灰色？我是从什么时候对周围的一切失去了好奇心？

单纯因为生活的忙碌和工作压力，而忽视了那些未知的新鲜事，岂不是太可惜？

……

“妍妍，这些知了，你回家是想炸了吃还是烤了吃？”我妈在旁边问。

不得不说，我妈成功地用一句话把我拉回了现实。

“不，姥姥，我就想看看它们是怎么变出翅膀的。”

看着妍妍小心呵护着手心里的知了，我多想对妍妍说，如果可以，请你就这么一直天真下去吧。

03

虽然人在每个年龄段都有自己该做的事，虽然我们最终都会长出皱纹和白发，但我们的心可以永远保持柔软，永远保持单纯。

不必总是一副老气横秋的样子，不必总是刀枪不入的样子，也不必总是生活欠你钱没还的样子。

有什么大不了的呢？

你的心是活蹦乱跳的，你可以淘气一点，可以笨拙一点，甚至可以疯癫一点。

就算你成了现实世界里的大人，也要在内心世界继续做一个小朋友。

做大人做累了，就去当一当小孩子吧。就像济公那样，一把年纪了，还和一群娃娃玩得躺在地上打滚，开怀大笑。

像大人一样生存，像孩子一样生活，愿你一直保有赤子之心，在寡淡的日子里品尝出甜蜜，在平凡的生活里找寻纯真的快乐。

我想有所小房子，不必面朝大海，但要春暖花开

01

曾经，我幻想自己能有一所像诗人海子描述的那样的房子：面朝大海，春暖花开。

我想象着自己冲完澡，换上舒适的家居服，光脚踩在干净明亮的地板上，目光所及是一望无际的、在太阳下蓝得耀眼的大海，天边慵懒地飘着几片白云。

打开窗，请微咸、湿润的海风吹进来抱抱我。

傍晚，套上一条长裙，随意趿着一双人字拖，下楼几分钟就能踩在沙滩上。

在沙滩上，任何鞋子都是多余的。甩掉人字拖，一步一个脚印，让十个脚指头和脚心、脚掌，认真地、细致地感受沙子的

温热。

朝前走走，海浪温柔地漫过来，一边轻轻亲吻我的脚丫，一边倾诉着最迷人的情话。

抬眼望去，晚霞满天，几只海鸥掠过海面，它们也要回家了吧？

或者，有时候碰上大海正在生气，黑色的海浪翻滚着，怒吼着，天空也是阴沉沉的，似乎愁容满面。

这时候，关紧窗户，如果不打算看书，就打开暖色光源的壁灯。

地板上一定要铺有软软厚厚的垫子，我可以随意地坐在上面，听听音乐，看看电影。

想听什么类型的歌都可以，怀旧的、流行的，轻柔的、摇滚的，忧伤的、欢快的，古典的、现代的……

随意播放，只要在那一刻我喜欢。

想看电影也好，爱情片、侦探片、科幻片，喜剧、悲剧，欧美的、香港的……

想看什么都随意，只要那一刻我喜欢。

或者，什么都不做，发呆也好。听外面海浪的声音，海风的声音……

因为这是我的家，外面是自由的大海，屋里是自由的我。

02

现实是，我依然在车水马龙喧嚣不断的城市里努力地活着，习惯了地铁里拥挤的人群，习惯了缺乏人情味的钢筋水泥森林，习惯了快餐、快充、快件，习惯了发完工资交房贷水电、充话费交通费，买米面粮油、肉蛋果蔬，买日用品护肤品……

我不再指望有一所房子，能够面朝大海，春暖花开。因为就算有，我很可能也没时间去住。

我已经找到了在这个庞大都市的夹缝里生存的状态，虽然每天早上匆匆出门，白天忙忙碌碌，筋疲力尽，但我内心仍然有欢欣，有满足。

因为我知道，下班了，有一间小屋在等着我。那里虽然没有辽阔无比的大海，却有赏心悦目的春暖花开。

我的房子在一个老旧小区，小小的一室一厅，外面墙皮斑驳，天然气也是后来才通的，管道就这样很丑陋地暴露在外面。

但好处在于小区环境不错，窗户外面有一个小小的花园。花园边上是被修剪得平平整整的常绿灌木丛，里面是被分割开的小块田地，种了不同花色的月季和一些不知名的花。还有两棵垂柳，几棵龙爪槐和几株被修剪成大圆球的海桐。

冬天过去，天气渐暖，若老天能赏一点贵如油的春雨，花园里就会偷偷地冒出点点绿意。

在春风的呵护下，柳树也会在一夜间吐出小小的嫩芽。常绿灌木开始长出新的叶子，生机勃勃的新绿，在被冬天的寒冷虐得失去色彩的旧绿的映衬下，越发显得容光焕发。

我觉得，没有一个季节，比春天更能展示出生命的力量。

到了五月，小区主干道两边长着高大的槐花树，走在路上，阵阵清香扑鼻而来。

小区里的叔叔阿姨会弄个钩子，钩下一串串槐花。有的小花已完全盛开，有的还呈月牙状，像少女一样含羞，搭着绿色的花蒂和叶子，即便只是拿在手里，就已经很诱人了。

吃过晚饭后，我喜欢在小区里闲逛。

天气不冷也不热，花花草草都在努力地把身体里的能量释放出来。到处是流动的绿、浅浅深深的红，草丛里藏着各种各样的小生命，潮湿的土里是压抑不住的蠢蠢欲动和生命的呐喊。

03

当初买这个小房子的时候，我是下了狠心的，为了凑够首付款，我借遍了身边的亲朋好友。

拿着东拼西凑的钱付完首付，还背上了很大一笔贷款。但我办完过户手续后，反而有一种松了口气的感觉。

那一刻，我觉得在这个城市生活，我总算有点底气了。

没钱重新装修，房子简单收拾了一下，我就和五年多的租房时光正式告别，搬进了我自己的家。

为了还贷款，我白天上班，晚上做兼职。

那时，压力真的是巨大。熬夜熬得头发一把一把地掉，但现在，我觉得自己做的最正确的事情就是逼着自己买了房。

不管在外面多辛苦，一想到这个城市里有一盏灯在等我回家，心里就生出了些许欣慰。

房子外面，没有自由的大海，但房子内，有我自由的灵魂。

客厅很小，但足够我窝在沙发上看书。

厨房不大，但够我在里面捣鼓一点美食。

卧室只有一张床，但够我做梦，发呆，憧憬。

房间里只有不大的两盏吊灯，但打开来，也蛮有灯火可亲的感觉。

关上门，这里就是我的世界。

在这里，没有任何人的羁绊，没有喧嚣和纷争，我只需要单纯做自己。

在这里，我可以放心入睡，自然醒来，不需为外界的吵闹烦心。

在这里，我可以给我的电脑、水杯、毛巾、发卡、围裙、拖鞋，都取一个温暖的名字。

我在自己的心里装满爱和满足，推开窗户，就算外面还是天寒地冻，我也能感受到即将到来的春暖花开。

窗外，一只吃饱的流浪猫在花园里闲庭信步，褐色的桃枝也已泛红，几只小鸟在枝头热烈地讨论着什么。

当春天忙着唤醒这个世界，我就知道，所有美好都会纷至沓来。

从明天起，我将告诉路过的每一缕微风：

我很幸福！

没什么大不了，
吃块糖就能忘记烦恼

01

在生活中，似乎总是会不断重复播放一些糟透了的场景，令你身心俱疲。

买咖啡排队的时候，一个陌生人突然插到前面，你秉持着多一事不如少一事的行为准则，没有言语，但内心却久久无法释怀。

拥挤的地铁上，不小心被人踩了一脚，虽然对方及时道歉，但你还是因此愁眉苦脸。

上班迟到，被上司点名，你就会一天心不在焉，做什么都莫名地焦躁。

回到家里，看见堆了好几天的脏衣服，想着要将它们一件件洗干净，你就觉得烦透了。

忽然发现一直真诚相待的一个朋友，竟然在背后说你的坏话，在你的背后捅刀子，一想到自己的真心喂了狗，你就心痛得如同被全世界抛弃。

偷偷喜欢了很久的男孩，忽然晒出了和一个女孩的亲密合照，就像放在橱窗里关注了很久的娃娃，有一天突然被人买走了，你的悲伤简直要逆流成河。

……

但其实，所有的欢乐和痛苦都在你一念之间。

你的心若是悲哀的，你看什么东西就都会是灰色的，对一切也都不再抱有美好的希望；而你的心若是快乐的，即使乌云密布，你也会因为即将看到风雨后的彩虹而欣喜不已。

所以，重要的不是你遇到了什么样的事，碰到了什么样的人，也不在于你过的是什么样的生活，而在于你愿意把哪一种感受放在首位。

一次，我和客户冯姐约在咖啡厅见。

冯姐比我大不了几岁，她说话爽利，做事干脆，不拘小节。

服务员正在把冯姐要的咖啡从手里的托盘中取出，就在这时，一个人高马大的男人路过服务员身边，大概是他身材过于壮硕了，有点像移动的铁塔，甩动的胳膊碰到了服务员。

这个瘦小的服务员身子一晃，就把一整杯咖啡倒在了冯姐的身上。

我看着冯姐那淡蓝色的衬衫，从胸以下到袖子，立刻被涂上了大团大团的褐色污渍，并且污渍还在不断扩大。

“对不起，对不起。”服务员忙不迭地连声道歉。

我知道那不能怪服务员，要怪就得怪那个太占空间的男人，虽然看着那个大个头，心里发怵，但我必须得向着我的客户！

于是，我不满地说：“哎呀，怎么弄成这样。真是的！”

我想，那个铁塔一样的男人，至少要敢作敢当，站出来道个歉吧？没想到，人家貌似啥都没看到，事不关己地走开了。

我刚想冲着对方大喊一声，冯姐摆手示意我不要喊，她淡定地说：“没关系，没关系，我常常不小心把咖啡洒衣服上，没什么大不了。”

我压着内心的火气，抱怨道：“什么人啊！至少也得道个歉吧？”

冯姐笑笑说：“洗洗就好了，不要紧的。没必要生气。”

最后，服务员送来一杯新咖啡，还额外送了两小块蛋糕。

冯姐就这样穿着带咖啡渍的衣服，一边喝咖啡，一边吃蛋糕，一边和我聊得热火朝天。

糟糕的事情发生了，你可以皱眉，可以生气，可以发火，也可以不放在心上。权当是被路边垂下的树枝碰了一下，有什么可生气的呢？

生活中有很多事，其实都是自己在和自己较劲。

无论较劲的结果如何，输的都是自己，因为较劲的双方都是你自己。

02

我们公司每年都会进行年度总评，评出的最优员工会有一份额度不小的奖金。

我的同事佳佳平时表现很出色，人缘也很好，公司的同事都认为她能够成为这一年的最优员工。

佳佳也认为自己胜券在握，为此她高高兴兴请大家吃了饭，相当于提前庆祝了。

结果很“魔幻”，最优员工奖被另一个员工收入囊中。

为此，佳佳整整三天没来上班。

听说她把自己关在家里，不吃不喝，躺了三天。

我给她发微信消息：今年没评上，明年还有机会啊，何必这样折磨自己?

但她久久不回，后来回复说：我是觉得太丢人了，我连客都请了。

我回道：“昨天我家邻居跟我说，她家女儿初中的班里，有个男孩和女朋友分手，专门请班里写字最好看的男生帮他写了一封分手信，说分手也得有仪式感。”

领悟力极强的佳佳一听，终于乐了，马上回道：“那，就当那次吃饭是庆祝我的失利吧。”

我欣慰地发出一个遵命的表情包，另附文字："有什么大不了？失利万岁！"

在这个世界上，不会人人都对你满意，你想要的东西不一定能得到，你喜欢的人不一定喜欢你，你的长相可能会被人偷偷吐槽，你的事业也未必会一直顺利……

但是，只要把心放宽了，再糟糕的事，也不是什么大事。

就像一把盐，放到一小杯水里，肯定是要齁死个人；但如果放入一盆水里，就剩下淡淡的咸味了；如果放到小河里、湖泊里，压根儿就找不到盐的味道了。

03

有人说：人生，除了生死，都是小事。我深以为然。

那些爱而不得的执着，迟早都会释然；

那些被最在乎的人在心上挖出的伤口，早晚都要结痂；

那些在外漂泊、颠沛流离受的苦，总有一天会落幕；

那些只敢在暗夜里露面的脆弱，终究会生出铠甲。

……

何必太在乎一时的得失痛苦？再大的事，三年后都是小事，十年后更是大概率会踪迹难寻。

如果我们是一粒小小的尘埃，那我们的经历连尘埃都算不上。

当你在某个时刻找不到出口，看不到光，在黑暗中挣扎时，有人幸灾乐祸，有人落井下石，但你何必与这样的人置气？太不值得了。

只要你不在乎，就没人能够伤害你。还不如回家拖拖地，洗洗衣服，把垃圾桶倒干净，洗个澡，清清爽爽睡一觉。

“睡前原谅一切，醒来便是重生。”

翻开已经有点泛黄的日记本，看到自己在18岁那年，偷偷写下的文字：

那一天，我在公园里流浪。

远远地，我看到那个他，走过来，递给我一根棒棒糖。

一根彩色的棒棒糖。

原来，他也偷偷喜欢我。

我开心得流出眼泪。

孤独、失望、焦虑、沮丧，全部烟消云散。

原来，一根棒棒糖，就能让我忘记所有烦恼。

在深深浅浅的时光里，我们跌跌撞撞地成长，那些不如意，都会如落叶，在秋天轻轻飘落。寒冬会来，也终会离开，并从中孕育出生机勃勃的美。

每一个普通的日子都是上天的礼物，满心欢喜地打开它们吧！总会有人对你的故事感兴趣，总会有温暖和你不期而遇，也总会有人，悄悄爱着你。

第四章

我的“丧”是真的，我的努力也是真的

生活不需要比别人好，但一定要比以前好

01

有一次，公司在年终晚会上设置了一个抽奖环节。

我抽到了一台家用加湿器，当时正准备买一台，没想到抽奖抽到了，自然是万分开心。

但很快，我就不开心了。

因为跟我同一个办公室的同事抽到了一台高清平板电视，另一个同事更是抽到了5000元现金。

相比之下，我的那个奖好像是来打酱油的吧？

我发了个朋友圈吐槽，有朋友在下面留言："哈哈，看来人的喜怒哀乐都是源自攀比。不过，是不是还有人只抽到一盒纸巾？你的也算比上不足比下有余吧。"

想想也是，加湿器比不上一等奖，但也不是最差的，何况这还正好是我需要的东西。我为什么还不满足？

相信生活中有很多人也和我一样，当得知自己过得比某个朋友强，内心就忍不住沾沾自喜；当得知自己过得不如别人，就一肚子怨气，甚至觉得连天上飘过的云都在嘲笑自己。

我们每天辛辛苦苦工作，努力到无以复加，难道就仅仅是为了比别人活得更好？

有个男生发帖问："前任回头来找我，是什么心理？她是不是还喜欢我，想和我复合？"

有人在下面回复："小伙子，你想多了，她只是来确认你过得是不是比她好，如果你过得不好，她就放心了。"

这话听起来很扎心，而且这种恶意揣测别人的行为也显得自己格局很小。但我们很多人的内心是不是都藏着这么一点"幸灾乐祸"的小心思呢？

大学毕业的时候，我有两个关系不错的同学，她们一起备战公考。

两个人一起在大学附近租了间房子，每天一起去图书馆刷题，一起分享资料，互相监督打卡背诵。两个人的关系亲密得在别人眼里都快不正常了。

结果，考试成绩公布，一个如愿以偿，一个榜上无名。

本来有成就有败，没有什么可说的，但这两个在暗夜里共同奋战过的战友，却选择了从此相忘于江湖。

那个没考上的同学对我说："考上有什么了不起？看她在我面前嘚瑟的，故意气我的吧。"

那个考上的同学对我说："我知道她没考上，心里很不爽，但也没必要酸了吧唧刻薄我吧。"

一位知名主持人说："当你追求的不是幸福，而是比别人更幸福，快乐就要远离你了。"

但很多人却在这条与他人攀比的路上"一骑绝尘"，只为比别人过得好，自己到底快乐不快乐也顾不上了。

你挤破脑袋去考公，是真心喜欢那份工作多一点，还是享受别人对你的工作流露出羡慕表情多一点？

你想开个小店当老板，是喜欢每天困在店里招待顾客多一点，还是不愿意听别人叫自己"打工人"的心理多一点？

你宁可刷信用卡也要买价格不菲的包包和化妆品，是真的需要它们多一点，还是因为闺密、同事都有，自己怕没面子，怕被她们瞧不起的担忧多一点？

所以，你没有时间去想自己到底适不适合考公、创业，也没有时间管下个月还不还得了信用卡、交不交得上房租。

一门心思和别人攀比，你会发现比自己牛的人越来越多，而且有人甚至没出生就已经赢了大多数人。

所以，有什么好比的？只有越比越痛苦，越比越讨厌自己。

人生，只有自己和自己比，才有意义。

只要你自己过得比过去好，不就是代表你越来越好了吗？

02

记得很久之前看过一个小故事，讲的是一个女孩的父亲做生意赔了很多钱。大别墅换成了小公寓，豪车换成了普通车，但他一点都不难过，每天照旧开开心心，一脸满足。

女孩很不理解，就问："爸爸，你不伤心吗？"

爸爸说："伤心啥？你不知道，我曾经一无所有，连吃饭都成问题。现在，我有事业，有你妈妈，还有你。相比之前，我现在可是妥妥的人生大赢家，有什么好伤心的？"

是啊，现在的我们，已经比过去的我们拥有太多，为什么仍然不开心？因为我们选错了参照物。拿别人拥有的做参照物，即使自己拥有家财万贯也不会开心。

以自己的过去为参照物，活得比自己的过去好，拥有的比过去多，就很值得开个派对庆祝一番了。

电视剧《去有风的地方》，我一集不落地追完了，除了对里面的古镇、洱海念念不忘，特别想去打卡外，我也觉得里面其实隐藏着不少朴素的人生哲理，值得慢慢、反复品味。

其中有一集讲的是谢之遥以去郊游为借口，“忽悠”租客们帮助凤姨家采摘梅子。

凤姨家是公认的生活条件比较差的家庭，凤姨的女儿十几岁就去世了，儿子又因为偷盗进了监狱，家里只剩下凤姨和老伴。两个人省吃俭用，拼命干活，想为即将出狱的儿子攒一些做生意的本钱。

忙碌了一天后，许红豆在那发呆，谢之遥上前问她在想什么。她说在想凤姨，觉得她真的好难。

谢之遥则淡淡回道：“现在社会压力大，都挺难的。”

许红豆有点不满地反驳，那不一样，人在还有选择的时候就不能说难，最多叫不容易。她还解释“难”和“不容易”的不同之处，她打了个比方，说大家都是摸着石头过河，有人吃着火锅唱着歌，船就开过去了，挺容易的；而凤姨是在河里游着游着，忽然涨了水，接着就被命运的洪流带走，一路呛着水，也不知道被带到哪儿去了。

没想到，谢之遥思索了下，说：“我觉得他们还好吧。”

许红豆被他的话惊到了，提高音量说：“这种程度还叫好啊？！”

谢之遥反问她：“是不是把所有人都放在一条轴线上来比较？谁更难，谁相对难？”

许红豆没说话。

谢之遥说，“容易”“不容易”和“难”，虽然有一个公认的标准，但每个人的起点不一样。有人出生就赢在了起点，他们的火锅里要是少了龙肝凤胆，他们都会觉得很痛苦，而且是真的痛苦。每个人对苦难的感受和看法不同，怎么能放在一条轴线上对比？

许红豆看着他，依旧没说话。

谢之遥继续说，不管一个人处在什么位置，总会有人比你更难，也总会有人比你更容易。所以呢，人只能跟自己比，跟之前的自己比。

许红豆就是站在大众的标准上来做判断，拿凤姨家和别人家做对比。而谢之遥是拿凤姨家的现在和她家的过去比。他觉得凤姨家过去是挺难的，但最难的时候显然已经过去，儿子快要出狱，接下来的日子只会越来越好。

这一集我刷了两遍，尤其是谢之遥和许红豆的这段对话，我反复看了好多遍。

那段时间，我正在因为要不要换个薪水更高的工作而纠结。因为之前的同学，要么考公上岸，从此旱涝保收；要么升职加薪，成为公司独当一面的人物；要么就是辞职创业，辛苦但有奔头。

当身边的人前程一片锦绣，我开始焦虑，觉得自己一直过得不温不火，实在让人恼火。

谢之遥的这段话，不但说服了许红豆，也治愈了我的精神内耗。

我问自己，我的努力和改变，到底是为了变得比以前的自己更好，还是为了比别人更优秀？

也许看起来二者引发的结果是一样的，但实际上存在着根本的不同。

如果是为了追上别人而努力，那很可能会做出违背内心的选择，给自己带来更多的痛苦和麻烦。

相反，如果是为了比自己的过去更好，就会更加关注自己内心的需求，做出更符合自己长远利益的选择。

当我冷静下来，开始思索这个问题，内心的拧巴和纠结都消失了，堵在心口的冰块也悄然融化了。

03

也有人说，看见别人比自己过得好，那不是化嫉妒为动力吗？

没错，嫉妒可以化作动力，但它是一柄双刃剑，也可以化作仇视，让自己做出危险的行为。因为你的改变源自被别人比下去的恐惧，一旦发现比不过别人，就很可能走向另一个极端——躺平。好像只要自己躺得足够平，内卷就卷不到自己。

而如果只是和自己的过去比，目标和追求就很明确。也许你的进步不大，成绩不那么明显，但你的生活是充实的，那么你的努力就有意义。

把一个老头逮到一条大鱼写成一本世界名著的海明威说：“比别人优秀并不高贵，真正的高贵是比过去的自己优秀。”

这句话，希望你我能一直谨记于心，带着对未来的憧憬和美好，不焦虑，不着急，温柔而坚定地向前走。

一切都是成长，包括热泪盈眶

01

小时候，我是个爱哭的孩子，踩到一只蚂蚁，都能让我眼中含泪。

因为爱抹眼泪，我经常被同学们取笑，我也曾为自己的这个毛病自卑不已。长大点后，我就尽量减少去接触那些容易触发我内心情感机关的场景和事情。果然，掉泪的次数越来越少了。

有时候，我甚至都不记得自己上次流泪是什么时候了。

这让我很开心，为自己的变化感到欣慰。

上大学期间，有一年春节回家，舅舅半开玩笑半感慨地说："小时候的爱哭妞儿，现在都长这么大了。"

说得我很不好意思。

我觉得，内心变得坚强，就是成长吧。

只是有时候，又很困惑，这到底算是坚强，还是坚硬？或者应该叫麻木？

直到我看到这样一句话：“你越来越冷漠，你以为自己成长了，其实没有。真正的成长，是你越来越温柔。”

我的心被狠狠地戳了一下。

原来，冷漠、坚硬，并不是长大的样子，温柔才是。

02

发小莉莉是个马大哈，对什么都满不在乎，像个男孩子一样调皮捣蛋。

她小时候做过的一件事，到现在提起来，还让人心惊胆战。

那时候，我俩都还没上小学，整天黏在一起玩。

因为她家的厨房里总是有老鼠出没，她奶奶就从邻居家借来一只猫，用根长长的绳子拴在厨房的一把椅子上。为了让它卖力捉老鼠，奶奶只给它吃很少的食物。

大概是因为被困在厨房里，又饿着肚子，猫很不开心，总是喵喵地叫。

当时我俩在外屋看动画片，那只猫在里屋的厨房里叫得人心烦。忽然，莉莉跑进厨房，我也跟着进去了。

然后，我看到莉莉去追那只猫，猫拖着椅子逃跑，不知怎么搞的，把烧在炉火上的一壶水给碰倒了。

结果，壶盖掉落，里面滚烫的水泼在了猫身上。

猫发出凄厉的叫声。莉莉和我都吓坏了，一动也不敢动，也不知道怎么办。

大概是听到了猫的惨叫声，莉莉的奶奶跑进厨房，一边把莉莉拉开，一边生气地说："我的祖宗哎，猫要被烫死了。"

猫被救下来之后，缩着脖子躲在椅子底下，叫声变得很微弱。

那时候也没什么宠物医院，莉莉奶奶就给猫涂抹了一些烫伤膏油。猫的身体上被烫到的地方毛都掉了，露出红红的皮肉，看着很瘆人。

过了一段时间，莉莉告诉我，猫死了。

前不久，和莉莉聊天，我提到了这件事，她说："那只猫烫伤后就不吃东西了，现在想想，真是恨那时的自己，为什么要去追它呢？"

莉莉说，现在大概是因为有了孩子吧，真是见不得小动物受一点点伤害。看到小虫子都不忍心去捉，想着那也是一条命。要是看到有孩子被虐待，刷到什么后爸后妈打孩子的视频，都看不下去。

有人说，自从做了妈妈，才忽然一下子理解了妈妈的爱，也理解了妈妈的无助、无奈和无力。

那一年去看《唐山大地震》，坐在我旁边的是一对夫妻，带一个小男孩。

我记得几乎是从电影开始，地震来袭，房屋倒塌，地面裂开，李元妮和丈夫疯了一样去救自己的两个孩子……坐我旁边的那位妻子就开始擦眼泪，擤鼻涕，在被要求救女儿还是救儿子直接做选择的时候，她更是崩溃失声，不能自已。

小男孩好几次拉拉妈妈的衣服，小声地说："妈妈，妈妈，别哭了。"

虽然我也流泪了，但那时候我对她从头哭到尾并不能理解，虽然电影很感人，但也不至于一直哭个不停吧？

现在，我能理解了，因为她是妈妈，她一定是体会到了选择救一个孩子而放弃另一个孩子的那种撕心裂肺的痛。

有人说，年龄越大越容易被生活中微乎其微的小事所触动。因为经历了世间冷暖，反而更能理解每个人的不容易，所以更容易被那些小小的温情感动得稀里哗啦。

03

八月长安在《最好的我们》里写道：最容易令人感到温暖和惊

喜的是陌生人，因为你对他没有期望。

我觉得不仅仅是因为我们对陌生人没有期待，还因为我们都是陌生人中的一员。我们吃过生活的苦，才愿意去珍视那一点点甜。

前几天刷视频，看到一个90后妈妈带着大约两岁的孩子去送外卖。因为害怕超时，她一边打电话给客户提醒取餐，一边下车跑着去送餐。也许是太着急了，她不小心摔倒了，装外卖的袋子摔在地上，外卖撒了一地。

这时候，取餐的中年女子刚好出来，赶紧将送外卖的年轻妈妈扶起来，并关切地问她："有没有摔伤？要不要紧？"旁边又走出来一个中年女子，恰好看到外卖员车上的孩子爬了下来，连忙飞跑过去抱住孩子："你咋还带个孩子？多危险啊！"

送外卖的年轻妈妈一边对扶自己起来的客户表达歉意，说要赔偿对方，一边解释孩子在家没人看，就带出来了。

取餐的中年女子摆摆手，拒绝了赔偿，她说："外卖没关系的，没受伤就好，你自己要注意安全。"

这个视频看得我直掉眼泪。我想起自己刚来北京的那一年，因为当时很多车还是有售票员的，所以我没有想到提前换一些零钱。当时人很多，我随着人流上了车，才发现自己坐的那辆车恰好是无人售票车。

车已经启动了，我手里只有一张20元的纸钞。我小心地询问司机，是否可以帮忙找钱，对方说自己也没办法。

听着车上喇叭里循环播放的“请自觉购票”的声音，我窘迫地拿着钱，不知道该怎么办。

“你倒是找人换零钱啊。”司机有点不耐烦地说。

我感觉脸上火辣辣的，不知道该找谁去换零钱，尴尬极了。

这时候，一个阿姨走过来说：“小姑娘，我正好有零钱，我跟你换吧。”

我慌忙点头，把钱递给她，连谢谢都忘了说。

即便在一个城市很久了，有时也觉得那里还不是家，因为疲惫的时候、孤独的时候，还是会想家。

但有时候，又觉得这里就是家。因为在这里遇到困难的时候，也会得到善意的帮助；在难过的时候，也会得到暖心的安慰。

尤其是在那些奔波忙碌的日子里，亲人在远方，自己也常常是报喜不报忧。而恰恰是身边的朋友、不是很熟悉的同事，甚至是陌生人，看到了我的窘迫，拉了我一把。

也许仅仅是举手之劳，但也让我感到这个世界是那么温暖和可靠。

04

保持内心的善良，保持内心的温柔，珍惜那些热泪盈眶的时刻，甚至是失声痛哭的时刻，因为，这就是成长。

一个标题为“这个世界总有人偷偷爱着你”的视频曾刷爆朋友圈，引得无数人泪目。

永远不要放弃，永远不要觉得这个世界不值得留恋。因为这个世界上，一定有人偷偷爱着你，温暖你。

因为被这个世界温柔地爱过，所以也愿意在别人需要的时候伸出援手。

我们披上铠甲，拿上盾牌，不是为了让自己刀枪不入，而恰恰是为了保护内心那点脆弱的温柔。

这点温柔，就是悄悄盛开在生活中的小花，也许不那么惹眼，也不香气逼人，但它是我们长大的标志。

因为成长从不张扬，总是在默默中蜕变。

愿你我永远年轻，永远热泪盈眶。

另外，悄悄告诉你一个我从没告诉过别人的小秘密。每次买菜，我都会顺便带两颗洋葱。

为什么？

因为我觉得流泪好丢人，没人的时候我也不愿意哭泣。如果在家里忽然想哭，我就会去切洋葱。

切着洋葱，我就可以心安理得地让眼泪流下来。

如果你和我一样，那也和我一样切洋葱吧。

你掉眼泪，不是因为脆弱，洋葱知道。

你掉眼泪，是长大了，你的心知道。

风华正茂的年纪，你要所向披靡

01

我常在自媒体上不定时地发一点随思随想，长短都随心，有时候也会收到一些评论。

一次，我收到一个女孩的留言。她说自己29岁，在老妈眼里，是典型的剩女一枚。做着一份吃不饱，饿不死，也存不到钱的工作。毕业五年，存款3万，房子在小县城，老爸掏首付，自己每个月还月供。没有车，每天骑一辆摩托车上班。想换一份工作，或者去大城市闯一闯，但又没有勇气，因为自己学历不高，也没什么特长。

最后，她总结了一下自己：一把年纪了，没恋爱，没事业，没爱好（如果骑摩托算是爱好，那也勉强算有，不过不比赛，不飙车，单纯喜欢骑摩托时被风包裹的感觉），还那么穷，感觉挺没出息的。

她过着不知道被多少人羡慕的人生，自己居然不知道？还把自己说得像个废物，简直没天理！

我给她回复：亲爱的，你说你没有勇气，我倒觉得你一点都不缺勇敢的心。骑摩托车的女孩，谁敢说她不勇敢？想一想，一个女孩子，骑着摩托车在路上飞驰，实在是又酷又炫好吧？我承认我已经羡慕了。

最后，我也学她加个括号，写了一句：29岁的年龄，是一生中最美的时光，是不是剩女，谁说了都不算，只有你自己说了才算。

风华正茂的年纪，也许不完美，但只要你愿意，你就能所向披靡。

关键就在于想不想，愿不愿意。

只要自己想，就算你已经40岁，也有千条路可寻；如果自己不想，就算是18岁，千万条路也会走绝。

02

在一次去东北的旅途中，我结识了晓英，她是从北京回老家哈尔滨探亲的。

因为聊得来，我和她一见如故，临时决定改行程，请她做向导，先去哈尔滨市下属的木兰县转转。

两天下来，我们把彼此近十年的人生轨迹都互相了解了一遍。

晓英是在哈尔滨上的大学，毕业后进了呼和浩特一家比较有名气的企业。没想到的是，公司规定所有员工必须先在呼和浩特的郊区厂房待上几年，才有机会调回市里。

那时候，她穿着工人的工作服，灰头土脸地穿梭于流水线。身边的人都抱着靠单位养老的想法，尤其是女孩子，每天谈论的就是嫁给什么样的男人，才能换来逆袭人生。

郊区的厂房附近还没发展起来，比较荒凉，娱乐设施也少得可怜，去个超市都要步行好几里路。晓英不甘心，她不愿意在这里混下去。

她准备考研。因为怕别人在背后说三道四，又怕考不上丢人，备考都是偷偷进行的。像地下工作者一样折腾了几个月，她忽然觉悟：考研有什么丢人的？与其瞻前顾后，不如干脆背水一战，谁怕谁？

于是，晓英一怒之下辞掉了工作，在自己的大学附近租了个房子，开始全力以赴准备研究生考试。

她每天5点准时起床，风雨无阻地赶去图书馆，一直待到图书馆下班，回到出租屋继续看书到11点半。她卸载了微信、抖音和所有的游戏，不看朋友圈、不刷短视频、不打游戏。

整整8个月，她顺利考上了北京工商大学研究生。

毕业后，又顺利地留在北京，成功地和过去告了别。

谁不是一路披棘斩荆，拼杀过来？当你认定自己要走的路，然后像钟表上的指针那样，不给自己退路，你自然就能所向披靡。

在小红书上看到有女生说，在布满荆棘的生活战场上，我们必须假装自己是女斗士，要奋力杀敌，勇往直前。最后有没有赢没那么重要，重要的是你经历了残酷的战场，看过了哀鸿遍野的场面，再遇到苦难就会比较淡定了。

不求战无不胜，但求每一次前进都竭尽全力。

别刚刚奔三，就叨叨自己老了，30岁难道不是人生最适合倾情燃烧自己的年华吗？

20岁的时候，我们可能还会梦想着嫁给王子，从此过上童话般的日子。进入社会后，我们不断被来自各方的压力推着向前走，也开始看到社会残酷的一面。

到了30岁，我们终于明白，好的人生，都是自己拼出来的。

03

某个问答平台上有人问：女生有必要很拼吗？

我很喜欢其中一个人的回答：很多人都觉得女孩子嘛，差不多就行了，将来有个稳定点的工作就行了。最重要的是要嫁个好老公，有人宠，有人疼……

但我不这么认为，作为一个独立女性，我想要的太多了。我想要精致的护肤品和化妆品，想要一间属于自己的房子，想要一辆完全由我支配的汽车和一场说走就走的旅行……

这些伸手向别人要，怎么好意思？

有没有人愿意给是一回事，就算有人愿意给，我还未必愿意接受呢。所以，只好委屈自己努力加油喽。

想要的东西有那么多，却不想为此太辛苦，又没人替你负重前行替你打拼，那这种理想中岁月静好的日子也就真的只能是想想了。

可能有人会说，如果家里有钱，情况是不是就不一样了？

在认识同事阳阳之前，我一直都认为，人都是天然的懒惰动物，也是天然喜欢享受的动物。如果钱足够多，谁还上这破班？早就打飞的去国外度假了。去伦敦喂喂鸽子，去芬兰看看极光，去挪威看看布道石头，去瑞士看看莱茵河，不香吗？

周六晚上十点，我洗漱完毕，正准备上床追会儿剧就睡觉。手机微信提示音响了两下。我抓起来一看，是阳阳。她发消息说很抱歉，想请教我一个工作上的问题，希望不会打扰到我。

大周末，这么晚了，还忙着解决工作上的问题。我虽然有点不情愿，但也不好意思拒绝。

我当即回复了一个笑脸，问："放着金光闪闪的日子不过，非要当拼命三郎，你是不是傻啊？"

阳阳秒回道："哈哈，对，就是傻。我在整理一份报告，今天晚上不搞定，我实在睡不着啊。"

无奈，我只好和她通了视频电话，讨论了半小时。

如果是一般人这么卖力，我也不会如此惊讶，顶多会认为对方上进心比较强。但阳阳可不是一般人，她是个货真价实的富二代。

她的父亲是著名的企业家，身价不菲，在省里都排得上名。但阳阳从没提过自己的父亲，我也是无意中得知的。

当时想起她常常因为头天熬夜工作，第二天早上在公司猛灌"黑咖"的样子，我实在难以相信这个普普通通的女孩子，从出生那一刻就已经实现了财富自由。

有一次，我逮住机会调侃她，家里条件那么好，老爸怎么舍得她出来吃苦？

她哈哈一笑，说她可不是在吃苦，对于上班，她是甘之如饴的。

我正色道："说正经的，你干吗每天这么辛苦加班，家里又不差钱。"

阳阳想了想，认真地说："我爸有钱，那是他挣的，我拿着花也太没有成就感了。我自己赚钱自己花，才有成就感啊。"

后来，我和一个朋友聊天，聊起此事，他也感慨地说：“我认识很多家境优渥的人，也都很拼。他们基本没有法定节假日和休息日的概念，学习、钻研新技能就好像是他们的休息娱乐活动。”

看来，一定有什么东西限制了我的想象力。

原来，努力对很多女生来说，可不仅仅是为了挣钱买买买。努力工作，在给她们带来物质满足的同时，也为她们带来了心灵上的自由解放，并为她们赢得了整个社会的尊重。

所以，努力吧年轻的女孩子，愿你不要辜负这一去不复返的青春韶华。

光终究会洒在你的身上，你也会灿烂一场

01

出差路过大学好友小凤所在的城市，我们约在一家西餐厅见面。

她因为一个选题会，整整迟到了半小时。不过我没有丝毫怨言，因为我理解她的忙。她刚刚升了职，成为一家知名杂志社的主编。

一见到她，我忙不迭地起身道贺：“恭喜，恭喜，从一个无名小编晋升为大主编啦。”“哎呀，不过是无心插柳……”她谦虚地摆摆手。

我诚恳地说：“你就别谦虚了，这是你应得的，也不枉你默默努力了那么久。”

小凤是我身边少有的目标明确的朋友，她上大学的时候，就明确地说自己以后一定要去旅游类的杂志社上班。

毕业后，她只选旅游类杂志社投简历。当然，最后也得偿所愿。

不过，这份工作可没她当初想象的那么美好——各个景点走走，旅旅游，拍拍照。因为杂志社要生存，就必定要有销量。销量的压力，那可不是闹着玩的，那是实实在在背在身上的石头，经常压得小凤喘不过气来。

当然，小凤不是那么容易放弃的人，既然这是她的梦想，那么再难她也要全力以赴。

但现实最扎心的就是，努力了不一定会有回报，但很多事情根本不是你一个人努力就能解决的。

小凤因为常常出去采风，旅途劳顿，再加上有时候还要风餐露宿，入职不到一年，人就变得又黑又瘦。

采风完回去还要赶稿子，常常熬夜，吃饭又不规律，终于熬成了胃溃疡。

三年过去了，她还是一个小编辑，甚至连薪水都没什么大的变化。有时候她也会觉得自己是不是应该试试别的单位，但最终还是在纠结中留了下来。

五年过去了，她还是一个小编辑，要说变化，就是头发明显变少了。她开始怀疑自己的能力，到底适不适合做旅游编辑？

在这种自我怀疑中，她还是决定继续做下去。

做小编的第八年，她做了一个素人背包客的专题。想不到不仅捧红了一个素人背包客，还带火了杂志，销量噌噌往上涨。

就这样，多年勤勤勉勉的工作资历加上这次的爆发，让她很快被晋升为副主编，专门负责杂志素人旅行者版块的内容设计。

晋升通知发布，面对周围同事的羡慕和朋友的赞美，小凤显得有点不好意思。她总是认为自己的成功来自于偶然，若不是她偶然认识了那位有趣的背包客，这样的好事根本落不到她的头上。

但我觉得，这既是偶然，又不是偶然。若没有她长达八年的坚持，即便遇到了这份“偶然”，她也无法接住它。

她在一个旅游贴吧里看到这位背包客发的长文，和其他背包客不同，这位背包客的文字很有趣，很多观点更是让人耳目一新。

一般来说，大多数旅游类图片和文字都是主打一个美字，而这个背包客的图片和文字呈现出来的更多的是真实。

那些图片明明没有经过修饰，呈现出一种粗糙、沧桑感，但看起来反而更加令人动容。还有他在路上遇到的那些并不惊天动地的事，在他的娓娓道来之下，也给人一种很强的代入感。

出于职业的敏感，她意识到这位背包客应该有很多可挖掘的东西。

于是，她一直密切关注这位背包客，并想办法和他取得了联系。

经过几次沟通，她意识到这个主打真实的主题或许是旅游杂志当下突破瓶颈的关键。

于是，小凤决定做一期关于“真实”的旅游专题。为了做好这个专题，她花了很多功夫去收集资料，列出一系列的采访计划。考虑到一个背包客的故事会显得单薄，她又寻找了更多有类似经历的旅者。

当她把自己的工作成果展现在主编面前时，立刻得到了主编的认可，同意下期杂志将以大幅版面刊登她的专题。

结果，那一期杂志卖得相当不错，那个素人背包客也因此开始走入大众的视野，小凤更是凭此一跃成为杂志社的副主编。

一件事情，只要是你喜欢做的，你又能够持之以恒地做下去，那就不会错，这样的努力大概率会有好的回报。

02

努力的过程，就像孕育珍珠，其间的疼痛，其间的无望，都好像漫长得没有边际，谁又是那个能坚持到最后的人？

我自认为是个不善于坚持的人，公众号刚兴起来的时候，我也注册了一个，当时确实是满腔热情，确定选题，写文案，找配图，学习标题的拟定……一个月过去了，两个月过去了，粉丝的增长比蜗牛爬得还慢。然后，我的公众号从周更变成了月更，最后不了了之。

再后来，我又注册了简书、头条号，但基本也是坚持不到三个月，就都歇菜了。现在，这两个App（智能手机的应用软件）在手机里成了“僵尸”，我已经很久都没打开过了。在做手机清理的时候，常常被提醒为不常用的应用。

曾经的信誓旦旦，曾经的激情澎湃，好像都抵不过任何看不到实质性进展的沮丧，也抵不过一天天累积的失望。

似乎很多人都会有这样的毛病，尤其是在减肥这件事上。

努力减肥第一周：你信心满满地立了目标，昭告朋友圈你要减肥了。你开始控制高热量食物的摄入，给自己制作营养餐，下班去做运动，忙得不亦乐乎。结果体重秤上的数字，只有小数点后面的数字变了一点点而已。

你的心情如何？

是不是很沮丧，觉得我都这么努力了，为什么一点肉都没减掉？

也许你会想，一周时间毕竟太短，还是继续打卡吧。

努力减肥第二周：你继续坚持少吃主食，早上的水煮鸡蛋捏着鼻子也要吃下去。午餐偶尔忍不住会吃点肉，晚餐就发狠啃苹果、黄瓜。但无论如何，你运动的激情明显降低了。结果，体重秤上的数字仍然没有什么显著变化。

你的心情如何？

晚上躺在床上，感受肚子咕噜噜的鸣叫，你是不是开始有点心疼自己？一天忙忙碌碌，连饭都不能吃，这叫爱自己吗？

不过，为了夏天能穿上美美的裙子，还得继续坚持啊。

努力减肥第三周：你的运动量明显少了，也不再制定营养餐。水煮菜里开始出现了辣椒油，但你仍然尽量少吃。你当然不敢吃蛋糕，也没有勇气煮泡面。

结果，体重秤上小数点前一位的数字终于变了一点。

你的心情如何？

你惊喜异常，决定把减肥继续下去。

你是不是想要立即发个朋友圈，展示一下自己的减肥成果？你开心得要跳起来，似乎继续吃白煮蛋、水煮菜，也没什么了。

努力减肥第四周：下班后，你的运动量已经接近于无。你实在没忍住吃了一碗牛肉面，那个香啊，啧啧啧。

你想，反正已经瘦了一斤多，一碗面也没什么大不了。

不过，你还是不敢吃油条，绝对不去碰火锅、烤鱼。

但，体重秤上的数字又回升了一点。

你的心情如何？

你是不是有点崩溃？坚持了这么久，才掉了半斤肉？自己辛辛苦苦，在这个四处飘散着食物香味的地球上，忍受万恶的饥饿，真的值得吗？没有美食的人生，真的值得吗？连吃美食的权利都被剥夺，这是多么残忍的一件事啊！

其实，也许根本用不了四周，你就已经开始坐在餐桌前大快朵颐了。

去它的减肥！活着就好，健康就好，哪有那么多柳腰长腿，前凸后翘？

姐就是个吃货，姐承认。

当然，也许你从坚持四周变成了坚持两个月，也确确实实减掉了好几斤肉，裤子都明显变肥了。

减肥成功，高兴是真高兴，这种苦行僧的日子也是绝对过不下去了。

掉了那么多肉了，难道还不能吃一顿火锅？不能撸一顿串？

没关系，吃一点没关系啊。

然后，你懂的，在之后的一个月里，那几斤肉怎么那么认路啊，不仅原路返回，好像还带了新的姐妹回来……

只有那么少数几个人，把四周变成了四个月，又变成了一年，四年，乃至于十年……

把控制体重这件事变成了一项终生事业。

但生活中，很多女孩大概都和我有一样的毛病，觉得自己已经“很努力了”，却看不到“任何实质性的进展”，最后，反而会回过头来质疑自己“该不该为此努力”。

这种想法其实比不努力还要可怕。

很多时候，我们明明留有余力，却总是欺骗自己已经拼尽了全力，还被自己所谓的努力感动到不能自已。

你一定会觉得自己难道还不够拼命，还不够坚持吗？

是的，在你还没有被光照到之前，你的努力就还不够。

唯有在没有希望的漫漫黑夜里，在看不到星光的时间长河里，依然没有放弃的人，最后才能被光照到。

03

走在路上，我经常会观察别人的身材，尤其是女性。

有一次，下班路过一家蛋糕房，看到了一个身材很好的背影，姑娘穿着一身一看就价格不菲的休闲西服，踩着一双白色小跟皮鞋，看起来优雅极了。

我假装要去品尝蛋糕房门口摆放着供人试吃的小蛋糕，走近了那个优雅的女士。

结果，我惊讶地发现，她的脸上竟然已经有皱纹了，虽然那些皱纹是细细的，浅浅的，并没有呈现出张牙舞爪纵横的沟壑，但无论如何，她肯定已经不年轻了。

差不多得有60岁了吧，我想。

在这份优雅的背后，一定有她旷日持久的坚持。

很多人谈起别人取得的荣耀和成功时，总是不屑一顾地说："她呀，就是运气好了点……"而被评点的人也往往自谦道："无心插柳罢了，当初也没想这么多……”

其实，在这个世界上，哪里有什么无心插柳？能够灿烂一场，无非是因为坚持得够久。

没有前期的积累，就没有最后水到渠成的好运。

每个看似毫不费力的背后，都是无数次不为人知的拼尽全力。

有人说：“当你试着去投入的时候，没多久，就觉得自己已经耗尽了力气；但当你真的倾注了全部精力时，又会觉得自己还不够努力。”

一个习惯了“随波逐流”的人，刚刚努力一下就以为自己是在拼命。实际上，这种努力距离拼命还有十万八千里。

别努力了三天，就到处抱怨为什么老天爷从不青睐于我；别看到别人升职加薪，就感叹自己为什么总是怀才不遇。

要相信，只要你没有放弃，光终究会洒在你身上，你也终会灿烂一场。

我的“丧”是真的，我的努力也是真的

01

打了个哈欠，我退出了华为的阅读应用，习惯性地登录微信，做睡前最后一件事：点开朋友圈，快速划拉一下。

刷到好友薇薇发的一条新动态，刚聚拢的睡意又散了。

“忽然很难过，又不敢哭出来，每天忙忙碌碌，我究竟是图什么？”配图是一张被后面的灯光拉得长长的影子，看着像是在公交车站拍的。

薇薇跟着她老公去杭州打拼有一段时间了，优秀的她进入了一家知名企业，听说工作压力很大，几乎从朋友圈消失了。

看这状态，情况似乎不太妙。

我点开她的头像，打开对话框，关心地问：“咋了，是不是不开心？”

薇薇很快就回复：“你还没休息？我没事。”

我不信：“我还不了解你？你要没事，能大晚上发这种感慨？”

薇薇发来一个打我的表情，说：“你还是那么了解我啊。不过就是职场那点事儿，没啥大不了，你要想听，我明天给你打电话聊啊。”

我快速回复：“行，你要敢忘了给我打电话，我明天就飞过去，揍你。”

“我巴不得，要不你现在来？我请你吃夜宵。”

“你别馋我，我要睡觉了，明天还得早起。”

于是，我们互道了晚安，不过，临睡前我对明天薇薇要给我讲的事情还是很期待的。

第二天晚上，薇薇果然如约打来电话。

我打趣道：“怎么，怕挨揍啊？说吧，我洗耳恭听。你最好讲得有意思点，说不定能成为我的写作素材，最近正缺素材呢。”

不过，没有我想象中那么精彩，其实薇薇讲的故事在职场上实在不算啥新鲜事。虽然寻常，也姑且讲讲吧。

前面说了，薇薇入职的企业算是名企，自然是面试者如云。大约有1000多人面试，经过一轮又一轮的筛选，最后只有20个人入围下一轮面试，竞争之激烈可见一斑。

最终，只剩下了9个幸运儿，薇薇是其中之一。

刚入职的前几天，私底下还是流传出一个小道消息：在最终入职的这9个人里，听说有3个人早就被内定了，面试、笔试这些不过是走走形式。

午饭的时候，两个同样是新来的同事，和薇薇凑在一起吃饭。其中一个愤愤不平地说："凭啥啊，我费了那么多心力才过了笔试，差点没过面试，那些人凭啥啊……"

另一个压低声音说："据可靠消息，这几个人都是关系户。公司风气都要被这些人搞坏了……"

薇薇虽然当时嘴上忍住没说什么，但她心里也觉得这世道真不公平。

本来，这件事对薇薇也没什么特别大的影响，直到后来又发生了一件事。

新来的员工都有试用期，还要经过考核才能和公司签正式的录用合同。但有几个新人，刚工作了一个月，就因为"表现良好"，被其他部门借调到明显更好的岗位上去了。

薇薇想着自己为了通过试用期，每天天刚亮就起床，8点半上班，自己总是在7点40左右就到公司，晚上也从来没有正常在6点下班过，8点多，甚至9点多下班是常事。即便这样，每天还要担心会不会被淘汰。

昨天晚上，她加完班回去，疲惫地走向公交车站，忽然觉得很难过，忍不住发了个朋友圈。

我问她：“现在好了吗？还难过吗？”

她笑着说：“也就是一时的情绪，有点矫情，现在早没事了。混职场的人，这点事儿，能算事儿吗？”

我附和道：“你这情绪管理能力越来越强了。”

她无奈地说：“‘丧’也就‘丧’一下，‘丧’完继续努力呗，总不能一直坐那哭吧？”

我深表同感：“是啊，难过就哭一下，哭完抹干眼泪，该干啥干啥，这才是成年人该有的样子。”

该“丧”就“丧”一下，谁还没点坏情绪？

情绪释放出去了，照样活蹦乱跳，满血复活。

怕就怕“丧”也“丧”了，人却一直在颓废里走不出来，生不出希望，直接在黑暗里躺平了。

02

我的一个高中女同学哲哲，因为高考成绩不太理想，落榜了。自从高中毕业，我们基本就断了联系。

有一天，从来没在高中群里发过言的她，在群里忽然变得很活跃。

在她断断续续的发言里，我了解到她现在在老家县城的一个超市做理货员。

哲哲说：“我可没法和你们这些学霸比，我就是混日子。有些东西，即使我努力一辈子也不可能拥有，混着呗。”

有同学接着说：“理货员也不错，工作单纯，没有那些尔虞我诈、拉帮结派、钩心斗角，我们这种工作才叫一个心累。”

哲哲自嘲道：“干苦力有啥好的？家里穷，我又没什么学历，不干这个也没办法。过一天算一天，这叫‘佛系生活’，哈哈。”

没多久，她又在群里说自己失业了，因为工作的时候玩手机被领导发现开除了。

生活中，有人调侃自己是混吃等死，自己是废物，不过是释放情绪的一种方式，并不是真的就放弃自己了。

而有的人，说着颓废的话，那些抱怨、不满、失望还真是发自肺腑的。

表面看，这些人是败在了现实的脚下，其实是对未来太过于悲观，从决定“丧”的那一天起，就不准备再努力。最后给自己找了个借口：那就“佛系生活”吧，好像也挺不错的。

这大概就是摆烂吧。

03

记得很久之前，看到过这样一句话：“你虽然不能选择自己的出身，但可以选择自己最终的归宿。”

若想要赢在远方，就不能在起跑线上一蹶不振。

没有人能一直保持打鸡血的状态，情绪有高潮就会有低谷，我们要允许自己偶尔颓废一会儿，你可以狠狠痛斥这个世界的冷漠和残酷，也要允许自己崩溃时无所顾忌地大哭一场。

还记得那个曾经火爆全网的视频吗？一个男子醉倒在深夜的南京地铁站中，面对警察的询问，他一开始彬彬有礼，不断道歉。

旋即他就哽咽了：“我和老婆来南京打工，好几年了，感觉什么苦都尝遍了。为了签单，天天陪客户喝酒。但是我真的不会喝酒，不会喝酒……”

后来，他的妻子赶到现场，他紧紧地抱住妻子失声痛哭，不停地对妻子说：“对不起，宝贝，对不起，我真没用……”

成年人难过的时候，是真难过，就像被全世界背叛，就像置身于冰冷的地窖，感觉生无可恋。

崩溃的导火索，可能只是错过了回家的最后一班地铁，也可能是眼看要迟到却挤不上早高峰的公交车。

有人说，成年人的崩溃背后，都是积压已久的委屈和无力。非常认同。

很多时候，不是我们太脆弱，而是我们坚强得太久了。

一个血肉之躯，谁能活成刀枪不入的“盾牌”？崩溃的时候，我们要学会给感情找一个释放的出口，这样才能不被生活打倒。

就像雨后天会晴，颓废之后，我们也会感受到能量的回归。

如果觉得不公平，就吐槽一下，发泄发泄，然后更加努力。

如果觉得委屈了，就抱怨一下，在心里骂两句，然后更加努力。

如果觉得难过了，就哭一场，消极一会儿，然后更加努力。

……

愿一直努力生活的你，在未来的某一天，能自信满满地回头去拥抱那个曾经哭泣的自己。

第五章

你要自己发光，而不是被照亮

你要自己发光，而不是被照亮

01

上大学的时候，有一天晚上，大家躺在床上，偶然聊起对未来的向往。

亚楠说：“我未来想当高级白领，每天穿着职业套装，出入高档写字楼……”

小梅说：“我未来想和男朋友去环游世界。”

我说：“我未来不准备结婚生娃，我要好好享受单身。”

……

大家越说越兴奋，沉浸在对未来的幻想中。睡在下铺的小蒲一直没说话，我用食指敲敲床，问：“小蒲睡着了？咋没听见你发言？”

小蒲有点尴尬地说：“听了你们的畅想，我都有点不好意思说了。”

大家一听顿时来了兴趣，马上催促她：“你在卖关子不是？说说呗，就咱几个，有啥不好意思的？”

小蒲沉默了一下，说：“我梦想的未来就是，有个种满花草的院子，有一儿一女。我不上班，每天陪孩子在院子里玩耍，闲了就在院子里打打麻将……”

亚楠的语气里满含不屑：“每天打打麻将，追追剧，你以为带两个娃娃，还有时间打麻将？”

小蒲似乎没听出亚楠背后的深意：“当然得请保姆啊，我可不能沦落为孩子的保姆，我只负责当妈。”

我脑补出一个画面：小蒲和几个朋友围坐在桌前打麻将，旁边的保姆正在追着一个小女孩喂饭……

我感叹道：“你不上班，还得住有院子的房子，还得请保姆带娃，你知不知道，你这个躺平可是很贵的。”

小蒲立马说：“所以，我得找个有钱的老公罩着我。”

……

一晃我们都毕业了，各奔东西。

亚楠和我留在了北京，小梅去了别的城市，小蒲先是回了老家的省会城市，后来又考了公务员，谋得了一份不错的工作。

她的确有了一儿一女，遗憾的是，她的老公不是很有钱，也没有住在一所有院子的房子里。

有次，我听她吐槽养俩孩子如何身心俱疲，听她抱怨学区房有多贵，我就笑着问她，是不是还记得自己曾梦想的未来？

她大笑，说当然记得。

她说自己现在仍然向往那样的生活，每天打打麻将，追追剧……但也就是想想罢了。现实是“越想躺平，越得拼命”。

我不解。她解释道：“拼命了，才有资格和勇气躺平啊。”

“你想，你不拼命，没能力，怎么找个好老公？在婚姻上，男人可比女人现实多了，比起花瓶，他们更愿意和能力相当的姑娘结婚。”

细琢磨，还真是这个理儿。

总有女孩梦想着找个优秀的男人，来照亮自己，成全自己。却忽略了，如果你自己不发光，又能指望哪个优秀的男人在黑夜里发现暗淡无光的你？就算误打误撞被发现了，又有哪个男人愿意永远无私地照亮一直暗淡无光的你？

我有个网友悠悠，经常在朋友圈晒和男友出游的照片。

男朋友一个人开车，她在睡觉；

男朋友在野外忙着生火做饭，她在旁边刷手机；

男朋友在旅途中处理工作，她在旁边等他帮自己吹头发；

男朋友一个人在换爆掉的轮胎，她怕晒躲在车里；

……

后来，她发朋友圈说，男朋友要一个人去欧洲旅行，不肯带她，她很生气，要分手。

我暗暗吐槽：如果我是你男朋友，我早就不带你了。

在人生的旅途中，谁愿意一直照顾你，伺候你？你衣来伸手饭来张口，还那么心安理得地坐享其成，你给对方付出过什么呢？

如果对方一直在为你付出，你却没有给他相应的回馈，那么他对你的爱，终究会一点点耗尽。

02

我很喜欢电视剧《何以笙箫默》，很多人都不解，何以琛这个要才华有才华，要颜值有颜值的学霸，为什么放弃众多追求者，去选择一个看起来笨笨的、普普通通的赵默笙？

我知道为什么。

因为赵默笙是何以琛的小太阳，不只是她的乐观照亮了何以琛的内心，还有她在摄影上的专注、努力得到了对法律同样专注、努力的何以琛的认可。赵默笙在摄影领域所取得的成绩，并不逊色于何以琛在法律领域的表现。

所以你看，女孩子要努力发出自己的光芒，才能吸引另一个光源的靠近。

那些让你羡慕嫉妒恨的女孩，不是她们运气好，不是她们“等来了”或者“找到了”所谓对的人，而是她们足够优秀，吸引到了同样优秀的人。

正如好友十一在与失业后就整天无所事事的男友分手时所说：你只有足够优秀，才配站在我的左手边。因为我今天努力，不是为了将来妥协你的世界观的。

03

我虽然喜欢追剧，但一般只将其作为偶尔逃避现实的临时消遣，不会沉湎其中。

因为我知道，电视剧看多了，容易引发不切实际的幻想。比如，幻想白马王子翩翩而来；幻想男朋友永远像宠溺女儿一样宠溺自己；幻想结婚后仍然每天都能收到老公的玫瑰和礼物，每天都能浪漫地热吻。

幻想有多美，现实就有多残酷。

生活从不会因为你有多惨就对你多仁慈，也不会因为你踩了8厘米高的高跟鞋就降低对你的要求，更不会因为你是女孩子就对你笑脸相待。

我的表妹高考成绩不够理想，在省内上了一所普通大学，毕业后的第一份工作是市场助理。

她曾经幻想自己的工作是踩着高跟鞋，穿着得体的套裙，自信地在一年四季恒温的写字楼里穿梭。但现实和她曾经的幻想有着天壤之别。

市场助理的工作内容之一，就是定期对竞争商家进行市场调研，然后汇总数据，做成报告交给领导。

于是，表妹经常手里拿着调研表，顶着大太阳或者冒着寒风，大街小巷到处跑。关键是到哪里都不受欢迎，笑脸换回的大多是白眼。结果常常是，调研数据未到手，人却早已累成狗。

刚毕业的表妹，不仅脸皮薄还怕辛苦，做了两次市场调研就觉得疲惫不堪。

于是，聪明的她开始偷懒，嫌天气太热就躲在麦当劳里吃第二个半价的冰激凌。至于调研数据，则是能编造就编造，调研报告也是能敷衍就敷衍。

终于有一天，人事经理找到表妹，因为她的散漫懈怠，直接影响了整个部门的业绩。

那是一场漫长又残酷的谈话。

表妹开始是羞愧得红了脸，后来则是难过得红了眼。

人事经理最后说：职场不是幼儿园，不是排排坐就都有果子吃。你得过且过地从春天走来，大概熬不到冬天就会被淘汰。

表妹虽然当时大受触动，但跑了几次市场调研后，还是感觉吃不消。她索性心一横，不过一份辛苦得没人干的工作，失去就失去，有什么大不了？

她很爽快地办理了离职手续，为了弥补之前受的苦，还痛痛快快地吃吃喝喝睡睡了两个月。

然后，她才开始投简历，这样挑挑拣拣又是三个月过去了。

最后在我姑姑的再三逼迫下，表妹才勉强入职了一家小公司。但试用期还没过完，她就嫌弃老得加班，还嫌弃公司老板太抠门，又辞职了。

现在表妹在亲戚开的一家眼镜店帮忙，多数时候都不忙，工资也不多，有时候还不够她自己零花。

有一次微信聊天，我劝她趁年轻，努力拼几年。她却说："拼什么，我又不像你，想拼也没那个能力。我现在就想以后嫁一个有钱人，否则光靠自己，早晚得饿死。"

我只好顺着她说："我顶多算自食其力吧。要是能找个人养着，也挺好的。"

其实我想说，你把希望寄托在一个男人身上，是多么渺茫又愚蠢的想法。

那之后，我再也没有劝过她。

也许你真的会找到那么一个男人，愿意为你遮风挡雨，愿意为你买口红买包包。但他有那么多钱吗？就算有，他会一直愿意坚持下去吗？就算他能坚持下去，你又真的会一直享受那种伸手索要的感觉吗？

04

很多人会问：“一个女人，干吗那么辛苦工作？”

有人答：“我努力工作，为的就是当我站在我爱的人身边，不管他富甲一方，还是一无所有，我都可以张开手坦然拥抱他。他富有，我不觉得自己高攀；他贫穷，我们也不至于落魄。”

这话虽然说得有点文艺，但也不失道理。

靠别人努力，身体上也许轻松了，但舍弃的是尊严；靠自己努力，你才有自尊，有底气，有勇气去拥抱生活的每个瞬间。

真正的努力，不是拍一张加班的照片发个朋友圈，然后忙着回复各种评论。

真正的努力，是一个人默默地在工作里积累经验，勤学习，抓住每一个机会充实自己，增长见识。即使不是疯狂地啃书本、学课程，也要一点一滴地去积累，这样才会让我们快速成长。

姑娘，请你放弃日后找个有钱人嫁了然后相夫教子偏安一隅的所谓梦想吧；

请你合上一堆无聊的人胡编乱造却让你唏嘘不已的爱情小说吧；

请你关掉只是用来上网刷剧的电脑吧；

请你扯掉塞在耳朵里听歌的耳机吧；

请你赶紧地，麻溜地，去奋斗吧！

你若盛开，清风自来。

终有一天，那个对的人，那个优秀的他，会因为很多理由来爱你。

而你，只需做自己的太阳，不慌不忙发出属于自己的光。

没有人能让你不快乐，除了你自己

01

周末，我窝在沙发里，看小说《人世间》看得正入迷。

忽然传来“砰砰砰”的重重敲门声。我以为是快递到了，一边应声，一边趿着拖鞋去开门。

门一开，扑进来的却是娜娜。

我最先看到的是她满脸的怒容，五官都扭曲了。

娜娜是我的老乡，我俩从两三岁起就在一起玩耍了。因为投缘，即便长大后各忙各的，也会隔三岔五打电话问候一下对方。

我顿时想起，昨天晚上，她对我说今天要和她男朋友去逛街，还说因为两个人工作忙，都好久没一起逛过街了。天热了，她想买两条裙子，还想看个电影，再吃个烤肉……

当时她沉浸在美滋滋的周末计划中，毫无顾忌地规划着二人世界，完全不顾会不会给我这个周末无娱乐的单身女青年造成什么心理伤害。

我快速看了下表，这还不到12点，恐怕电影都还没看，烤肉也还没吃吧。

“咋了，这么早就逛完了？”我一边帮她拿拖鞋，一边小心翼翼地问。

娜娜把手里的包往换鞋凳上狠狠一丢，踢掉高跟鞋，换上拖鞋，然后气呼呼地一屁股跌在我那个懒人沙发里。

幸好沙发够软，要不她这一身愤怒这么一跌，都可能被撞得四分五裂，把我的小屋给炸了。

“逛什么街，还没进商场就吵吵头晕。”娜娜一把抓过旁边的靠枕，使劲往胸前压了压，趴在上面气呼呼地说。

我拿了一瓶水，递给她。

她接过去，好一会儿，才从牙缝里挤出一句话：“我要和他分手。”

原来，娜娜提前一周就和男友约好了今天去逛街，可是才逛了半个小时，男友就哈欠连连，怎么也不肯逛了。还说让她自己去逛，他找个咖啡厅等她。

“男人都不喜欢逛街，逛街对他们来说和加班差不多吧。再说，你俩在一起都五年了，总不能因为一次逛街就否定了人家吧。”我本着宁拆一座桥不拆一桩婚的心态劝道。

娜娜余怒未消：“如果一个男人连陪你逛一天街的耐心都没有，也绝不会有陪你一辈子的耐心。”

我继续劝道：“听起来很有道理。爱不爱先不说，你这气先消消。他能把你气这样，说明你是多么在乎他啊。你看起来就像一个要爆炸的气球。”

娜娜这才调整了一下面部表情，说：“刚才的确是太生气了。”

这时候，娜娜的手机铃响了。她犹豫了一下，还是接了。

然后，我看着她的脸色由阴转晴了。

“他说啥？”我明知故问。

“他说，他回家换了一双舒服点的运动鞋，等会儿打车来接我，去逛街。”娜娜有点不好意思。

我逗她：“看来逛街不仅得有耐心，还得有一双舒服的鞋才行。”

她恼羞地拿起抱枕扔向我，我俩不禁哈哈大笑。

娜娜走了，我想起她这次由怒到喜的过程，前后也就半个小时吧。而其中，起关键作用的就是那个压根儿没出场的男朋友。

这个女人啊，仿佛自从恋爱，喜怒哀乐就都是那个男人赐予的。

不过仔细想想，好像也不仅仅是恋爱的人才会如此，我们平时的心情不也总是被其他人左右吗？

如果有人问：你为什么不高兴？

答案一定五花八门：被领导骂了、被同事在背后说坏话、被陌生人怼了、被朋友揭伤疤了，或者仅仅是结账的时候收银员的态度不够好……

如果有人问：你为什么这么开心？

答案一定也是五花八门：被领导夸奖了、收到了男朋友送的礼物、很久未联系的朋友又联系上了、被陌生人夸身材好……

你注意到了吗？其中隐含的讯息是：你的心情和别人息息相关，或者说，被别人所掌控。

但是，别人不知道自己有如此大的影响力，甚至完全不记得发生过这些事。

那么，为什么你却深受影响，无法自拔？

关键在你自己，是你主动交出了自己的心情主宰权，不是吗？

02

有一次，我读了一本叫《我本不该成为母亲》的书，很是感慨，就写了一篇书评。

书评的大概意思是：我在这本书里看到了作为一名母亲，“我”对自我的否定与厌恶、对丈夫的爱恨交加、对“母亲”这个身份的怀疑、对孩子的愧疚……看到了“我”内心的挣扎和迷茫。在阅读的过程中，我忍不住哭了好几次。但是，我也很不认同“我”把做母亲的痛苦归结为一种家族式的“诅咒”。同时，还把“我”的悲剧核心归结在具有“反社会人格”的女儿身上。好像在说，如果有一个“正常”的女儿，悲剧就不会发生，就能拥有幸福。难道一个母亲，不应该努力发挥自己的能量去给予孩子幸福吗？

洋洋洒洒写了一大篇，我很为自己感到骄傲，觉得自己的看法很独到，并把它发在了豆瓣上。

结果，书评发出来后，有人在下面留言说：“一看就没做过母亲，胡说八道！”“你这是在误导读者。”还有人说：“什么原创，纯属瞎说！”

刚一看到留言，我很是生气，这些人凭什么指责我？他们也许都还没看过这本书。

但转念一想，就释然了。

如果他们都没看过这本书，哪里有资格和我辩论？他们就是随手在评论区发了一句话，我又为何要因为他们随手发的一个评论而生气？

这世上有两种人：一种人会消耗你的能量和创造力；另一种人会给你能量，支持你的创造，这种支持有时候只是一个简单的微笑。

不和第一种人较真，多和第二种人交往，高兴不高兴，你自己说了算。

03

有一次，我和一个同事约了一个客户，说好了5点到，结果我们等到7点，他还没到。

其间，同事急得像是热锅上的蚂蚁，不停地打电话催，放下电话就抱怨对方不守时，不懂得珍惜别人的时间。

我安慰她："凡事都会有不可抗力的因素。别着急，我去给你买杯冰可乐，降降火。"

同事看我竟然还能保持淡定，好奇地问："为什么你在等人的时候就不着急不生气？我最烦等人了。"

我淡淡一笑："我也很讨厌别人不守时，不过我可不愿意因为这个生气，不划算。"

她想了想说："我也不想，就是忍不住啊。像这种说好的5点见，7点人还不到，真是能把人气死。"

我笑道："我以前也忍不住会生气。后来，我就想，一个无关紧要的人想惹我生气，没门儿！"

同事忍不住笑起来，我俩决定去买杯奶茶坐着慢慢等。

真的，没有人能使你不快乐，除了你自己。

我记得在某本书上看到过一个情绪ABC理论，很有意思。A代表发生的事件，B代表我们对事件的想法和解释，C代表我们的情绪和行为。

举个例子，男朋友向你提出分手，你觉得自己明明那么爱他，为他付出了那么多，他还选择分手，实在是太没人性了。于是，你悲伤又愤怒，甚至想报复无情的他。

那么，A代表的就是男朋友向你提出分手这件事；B代表的是你那么努力去爱他而他竟然还要分手这种想法；C代表你很伤心，想要报复对方。

按照我们的常规理解，一定是事件A——男朋友要分手，导致C——我的痛苦产生了。

但ABC理论认为，我的痛苦C并不是事件A男朋友要分手导致的，而是由B——你对失恋的看法导致的。因为你觉得在恋爱中，你付出了很多，你那么爱他，他居然要分手，这使得你异常愤怒和痛苦。

如果把B换成“我们俩早就貌合神离了，正好我也想分手，但一直下不了决心，这下好了，对方先提了，我也可以重新开始了”。那么分手这件事，导致的C就不是伤心，而是如释重负，甚至还有点小庆幸、小窃喜。

我觉得这个理论很有趣，经常会拿出来玩味一番。尤其是当我正在为某事不开心的时候，我就会拿出一张纸，写下ABC，把发生的事件、我的想法以及结果推演一遍。

有一次挤地铁，我被一个男生踩了一脚，对方竟然没有道歉，好像什么都没有发生过。

本来在地铁上被人挤来挤去，我心情就不好，加上这一踩，瞬间窝了一肚子火。我刚想和对方理论两句，就想到了ABC理论。

“大早上，大家都急急忙忙，步伐不稳，偶尔踩到人，可能确实没注意到。”这样一想，我就不生气了，也懒得和对方理论了。

我们的情绪问题并不是别人引发的，能引爆我们情绪的人，只会是我们自己。

就好像，有的孩子在摔倒后，会捂着眼睛，从手指缝里往外看。如果发现会哄自己的人在旁边，马上就会大哭起来；如果发现没有自己能够依赖撒娇的人，大多数情况下都会自己默默站起来。

04

在这一生中，也许你会遇到许多人生的“差评师”，他们的“评论”让你郁闷至极，甚至火冒三丈。但是，你要清楚，这些情绪，都是经过你同意的。

是你允许自己从负面的角度来看待事情；

是你允许自己把时间消耗在生气、内疚或者忏悔上；

是你亲手把开关自己情绪的钥匙放到了别人手里；

……

所以，为自己的情绪负责吧，你应该为自己的快乐负责。

很喜欢冯唐的那段话：“人活天地间，不高兴、不痛快的事儿太多了、占的比例太高了，在不给他人添麻烦的基础上，理直气壮地文艺一点，不着调一点，纯粹个人主义一点，生活会美好一点，梅花就落满了南山。”

记住，不要允许别人随意挑拨你的情绪，没有你的同意，谁也别想让你难过！

世上只有一个你，别为难自己

01

公司每年都有例行体检，我基本每次都会有点小异常。反正大家都差不多，我也不是很在乎。

不知道从什么时候开始，我有点害怕体检了。一打听，和我抱着同样心理的朋友还真不少。

一个跳槽到新媒体公司的前同事丹说：“我不敢去体检，我怕查出什么大毛病，接受不了。”

我调侃她：“不管什么病，都讲究早发现早治疗。”

她居然很认真地说：“说实在的，我现在能感觉到身体每况愈下。头发掉得厉害，晚上出虚汗，经常胃疼、腰疼，例假也不正常，乳房上好像有硬块……”

我也认真地提醒她：“那你可要注意身体发出的这些信号，不要大意了。还是去医院做个全身体检，该调理调理。”

她回了一个“好”，就没音儿了。

过了一段时间，我还惦记着丹的身体状况，给她发消息，问她是否去检查了。

她发来语音，苦笑道：“天天加班到凌晨，哪里有时间去医院？如果能有一点时间，宁可用来补觉。”

我再次提醒她注意身体，别太拼命，她无奈地说：“没办法，手里的一个项目正在关键时刻，必须全力以赴！”

我虽然很担心，但也懂得她的难处，只好为她祈祷。

五一期间，我终于逮住丹在线了。因为她发了一条朋友圈：“这个假期终于可以休息了。”配图是一张戴着医院特有的蓝色手环的手腕，连接着输液软管。

我立刻打开对话框问：“怎么住院了？”

她回得很快：“嗯，前天下班到家，头一阵晕，胸闷气短，眼前发黑。第二天早上去了医院，医生直接让住院了。”

我问她具体啥情况，她说：“做了很多检查，结果还没出来。”

我安慰她说：“别太担心，不会有啥大事。你就是太累了，好好休息。”

她叹气说：“是，的确是太累了这些年。”

丹就是传说中的“小镇做题家”，家境很一般，上面有一个姐姐、一个哥哥，下面还有一个弟弟。

她是她所在的村里为数不多的女大学生之一。她的父母虽然没有表现出重男轻女的思想，但毕竟家里孩子多，负担重，有时候也会在她面前念叨，谁谁家的闺女初中辍学去南方打工一个月挣多少多少……

这时候，她的内心就无比恐惧，生怕下一句就是：“要不你别上了，我们供不起了。”

丹说，那种恐惧让她在家里无时无刻不小心翼翼，连吃饭都不敢多吃，生怕父母因为饭不够吃而让她辍学。

在学校，她则是最拼命的那个。她早就知道，只有考上大学，才能走出去，才能摆脱命运对她下的魔咒——早早辍学，去城市里打工补贴家里，然后回来嫁给周边村里的某个年轻人，一辈子做一个没有见识、没有知识的妇女。

终于，丹考上了北京的一所大学，当得知大学学费可以靠助学贷款时，她喜极而泣，再也不用担心父母付不起学费而让她辍学了。

虽然她明知大学会过得很辛苦，但她的脸上从此总算有了笑容。

她明白，只要自己够拼命，就能在这个城市活下去。

开学那天，别人都忙着逛校园拍照留念，或者去学校周边找好吃的店，她却忙着找兼职。

每天除了上课，她不是在做兼职，就是在做兼职的路上。

整个大学期间，她没有再向父母要过一分钱。相反，还往家里寄过几次钱。有一年春节，她为了多赚点，没有回家过年，还给全家人各买了一身衣服寄了回去。

毕业后，她在工作中依然延续了上学时那种刻苦精神。她期望从工作中获得更多回报，补贴家用。

丹之所以跳槽到新媒体，就是听说这个行业比较赚钱。但在北京这个人才济济的地方，如果想赚得多，付出的必然更多。

她说，自己这些年一直在拼命赚钱，就是希望让父母在收到她的钱时能感到欣慰和自豪，以及在想到差点让她辍学时感到内疚和后怕。

她说，每当想放松一下的时候，她就想到过去差点辍学，差点失去现在的生活，就会焦虑得睡不着。

她说，虽然现在家里条件改善了很多，姐姐、哥哥都已经结婚，弟弟也工作了，但自己就是停不下来。

我劝她："从现在开始，别再把自己当机器一样使了。拼到现在，你太不容易了。好好爱惜自己的身体，别太难为自己了。"

她哭了。

后来，我才知道她体检有好多项都不正常，好在都没有什么大碍，重在平时的休养和调理。

出院的那天，她给我发微信："医生说我再这样熬下去，身体就要罢工了。”然后，她说她现在有了人生新目标，还说这是她的第一个和钱无关的目标。

我问她是啥？

“努力让自己变得健康。”

看到她终于开始重视自己的身体，我调侃道：“这个目标也不能说和钱没关系。要是不能变得健康，身体罢工了，就别想再赚钱了。”

现在的年轻人，尤其是在一线打拼的年轻人，都越来越珍惜来之不易的学习、工作机会。他们拼命努力，为了证明自己的能力，为了赢得别人的认可，一再拔高对自己的要求。

虽然经过努力会得到一些回报，但别人对自己的期待、自己为自己设定的目标，以及对生活质量的诉求也会随之提高。

相比之下，自然会觉得薪水涨得不够快，就想要通过付出更多的努力，去实现自己更大的愿望。

于是，他们眼睛里只看得见前面需要追赶的，脑子里只想着自己的努力必须配得上想要的。甚至不惜以健康为代价，逼着自己不断向前冲，强撑着也要冲冲冲。

当身体出现异常的时候，他们就用“反正大家都差不多，都在得这些病”来安慰自己。

但其实，人生是要努力，但也不要太为难自己。否则，你一个不小心，就可能把世界上独一无二的自己“努力”没了。

关于那些年轻人过度劳累猝死的事件，你一定听过不少吧？

还有很多风景你都没来得及去看，还有很多爱你也没来得及去体验。如果让你年纪轻轻就这样消失在这个美丽的世界，你甘心吗？

一辈子很长，也很短。在生活的洪流里，也许你也难免有被淹没的时候，但你得记住，你来到这个世界上，不是专门来吃苦的。

更何况，世上只有一个你，别太为难自己。

02

青青拿出攒了几年的积蓄，首付买了一辆车，还是她最喜欢的烈焰红色。她每天宁愿在路上堵个把小时，也不愿意在早晚高峰期挤地铁挤公交了。

买车后不久，一次下班，她竟然在电梯里偶遇了自己的大学校友小钱。

一问，对方竟然和自己在同一栋写字楼的不同楼层工作，再一打听，小钱竟然就住在自己的隔壁小区，这也太巧了。

两个人一通寒暄和感叹，青青很自然地问到对方怎么回家，当听说小钱回家还需要坐公交再转地铁时，便热情地表示：正好咱们顺路，一起坐我的车回去吧。

小钱坐进副驾驶，摸摸这里，碰碰那里，一个劲儿地夸青青有本事，都买上车了。青青盯着对方在自己车里乱摸的手，有点不自在地说：“哪里哪里，我也是贷款买的。”

小钱又夸她眼光好，说她也喜欢红色，奔放大气。

两个人在路上又回忆了一下大学美好的时光，聊了聊互相都认识的各位同学的近况。

“地铁实在是太挤了，想打个车吧，早高峰根本没人接单。”小钱一边吐槽，一边看着青青的脸，小心地提出：“要不以后我们一起走吧，我负责帮你带早餐。路上有个伴儿，你也不寂寞。”

其实青青的内心是拒绝的，刚买了新车，她还想一边开车一边听音乐，享受一下一个人在路上的时光呢。但她又不知道如何拒绝对方，就敷衍地“嗯”了一下。

本来想着自己不够热情，对方应该识趣儿，自觉放弃了吧。没想到，第二天一早，小钱就打电话问她准备几点出门，说自己要去小区门口等她。

从此，青青的早上就不是她自己的了。有时，她稍微晚一点，小钱就不停地微信、电话“轰炸”，搞得青青简直要患上上班恐惧症了。

上了车之后，青青更是感到折磨。本来她是有点内向的，不太喜欢热闹。而小钱却是个外向性格，上了车，还没系安全带就开始叽叽喳喳、自顾自地说起来了，青青只好尴尬地回个“嗯”“啊”以示回应。

好几次，青青都想找个借口拒绝对方搭顺风车。有一次，她告诉小钱，自己要绕路去给一个朋友送点东西，就不载她了，别耽误了她上班。小钱却说：哎呀，没关系，我陪你去，反正我有时间。

一次同事聚会，青青提起这件让她感觉非常不爽但又不知道该如何解决的事情，我问她：“既然你不愿意被打扰，为啥不直接拒绝呢？”

青青不好意思地说：“那怎么说得出口呢？都是校友，又在一个地方上班，隔壁小区住。”

我看着她又苦恼又尴尬的表情，无奈地摇了摇头。

有一天，青青悄悄对我说，她终于拒绝了对方。

我问她怎么忽然想通了？她说，那天她感冒很严重，发烧烧得糊里糊涂的，就请了假准备在家休息一天。

小钱先是发了个微信，青青还没来得及回复，她电话就直接打了过来：“怎么搞得？我都等你三分钟了，你怎么还没来？”

青青听了也很不开心，干脆就说：“对不起，我今天感冒了，请假了。另外，以后我们也不要一起走了。”

说完，青青就挂了电话，浑身虚脱，似乎用尽了自己所有的力气。

本来这件事到此就该结束了，让青青没想到的是，这位同学居然在校友群里阴阳怪气，说青青太小气了，搭个车都不愿意，而且自己每天都给她带早餐，又没有白坐……

青青看到后，背上直冒冷汗，很庆幸自己拒绝了这个同学。像这种搭了自己一个多月顺风车毫无感恩之心，被拒绝后还到处卖惨诋毁你的人，还是越早远离越好。

为了让别人满意，你曾忍着满腹委屈，卖力付出，最后却发现，自己非但没落好，还惹了一身不是。

成全了别人，委屈了自己，这又是何苦？

03

很多人，尤其是心软的人，都会遇到一个问题，就是不会拒绝别人。

生活中你会发现，越是好说话的人，越是容易收到请求。

“今天开会我晚点到，你顺便帮我签个到呗！”

“我要出门几天，辛苦你帮我照顾几天狗狗。”

“我有事得提前下班，拜托你帮我做个表格。”

……

别人轻轻松松一句“帮个小忙”，你又不好意思拒绝，结果打乱了自己的节奏，赔上了自己的休息时间，还窝了一肚子的火……

仅仅因为不好意思，碍于面子，或者担心别人给自己差评，担心失去一个朋友，就对所有人有求必应。可这样不懂拒绝，早晚会把自己逼疯！

你的不好意思，终究会害了你。

生活中很多的麻烦，都是源于不懂得拒绝。合理拒绝别人，并不如你想的那样会伤害对方，或者会影响别人对你的评价，也未必会让对方失望。

事实上，一个有底线、有原则的人，远比一个处处讨好的老好人更容易赢得尊重。

很喜欢余华在《在细雨中呼喊》里说的话：“总觉得忍一忍就会好起来，真笨，人家不就是觉得你会忍一忍，所以才这样对你吗？”

你忍一忍，别人是满意了，自己却被伤得千疮百孔。

就像不是所有的应酬都得去，也不是所有的忙都得忙。拒绝别人不是得罪人，只是保护自己的一种方式。

对于他人的求助，在自己能力范围内的，要尽力去帮助。但也不必讨好别人而违心答应，要知道，拒绝是你的权利。而行使权利，是不应该也不需要有负罪感的。

记住，世上只有一个你，不要因为别人，而为难了自己。

没有经济上的底气，就别谈什么独立

01

我正在埋头赶文案，手机铃声突然响起。我瞥了一眼，是老娘。不用想，指定是又在老家的某个村里，发掘出一个在北京混的适婚小伙子。

自从我大学毕业，一直到现在，因为我一直没有男朋友，她已经以我们村为圆心，向外辐射几十公里去挖掘未婚优质男青年了。

现在，差不多全县，不对，从去年已经超出了县的范畴，都已经被她扒拉了一遍。只要有人入了她的眼，她就遥控指挥我必须去见见。

有时候我懒得去，她就不停唠叨。

我问："你干吗那么着急把我嫁出去？"她恨铁不成钢地说：

“你都三十了，再嫁不出去，让我这老脸往哪儿搁？”

老姑娘嫁不出去，这在那个家家竖起三层小洋楼却依然被世俗枷锁捆绑的小村庄里，确实是够丢人的。

我想起那句“唾沫星子淹死人”的老话，就有点同情老娘了。但也仅仅同情了一分钟，内心生出更多的是庆幸，庆幸我尚有底气拒绝这样的生活。

哪个女孩不想按照自己的意愿生活？做自己喜欢做的事，爱自己想爱的人就好了。至于别人的指指点点，直接无视吧。毕竟一些看起来很寻常的事，横亘在女孩面前时，却往往是难以跨越的阻碍。

这种阻碍有精神上的，但我觉得更多的是物质上的。

如果你自己不能挣面包，那找个男人嫁了，组建一个家庭共同对抗生活的风险，就是父母能替你想到的最好归宿，甚至你自己可能也会默认这就是人生的最优解。

没有经济上的底气，就别谈什么独立了，那比童话还骗人。

但凡不敢去争取，或者被父母逼到妥协，最后还到处诉说自己的无奈和无助的，无非都是因为自己没有对抗的底气和资本。

我的一个堂姐初中毕业就辍学去了外地打工，有一年春节回来，她带回来一个男朋友。那年，堂姐大概18岁吧。她的脸蛋红扑扑的，眼睛里满是期待。但大伯坚决不同意他们在一起，因为男孩家里穷，又是外省的。

男孩走后，堂姐被留在了家里，然后就开始有人给堂姐提亲。

开始她谁也不见，后来拗不过，还是见了，订婚了。我偷偷问她，喜欢对方吗？她沉默了一会儿，说："有什么喜欢不喜欢的，他们觉得好就好吧。"

02

经常在网上看到有人鼓动一个婚姻不幸福的女人赶紧离婚，也常常看到很多人不理解为什么有的女人能够屡屡原谅出轨的男人。

仔细想想，那些婚姻不幸福却不愿意离婚的女人，除了因为所谓的世俗压力，其实更多的是没有承担离婚后果的能力。

当一个人能靠自己把钱包装满，她的内心必然也会随之变得更加强大，可以更从容地按自己的意愿选择如何去生活。

去年追了几集《风吹半夏》，记得许半夏一心想要靠出国收购废钢改变人生，行业老大哥却劝她："女孩子，赶紧找个好人家嫁了才是该做的事。"她不以为然，坚持要去，没有本金，借钱也要去。

在男人主导的商场上，许半夏跌跌撞撞，一路成长，付出了很多代价，却也换来了人生更多的选择权。

我一个同事也是如此，我认识她的时候，她很落魄。

38岁，被男友抛弃，自己一气之下跑到北京找工作。那时候，她状态很不好，工作也不顺，干了几个月就离职了。

后来，听说她去了一家杂志社，又去北大做旁听生，再后来开始写剧本。

经常有人给她介绍对象，追她的男人也不少。二婚带孩子的，她不考虑，她不愿意做后妈；太年轻的，她又觉得两人之间的年龄是障碍。

重要的是，她并不急着把自己嫁出去。

如今，她剧本写得不赖，在北京买了自己的房子，还把父母接了过来。

有一天，我看到她在朋友圈里发了一张自拍照，配文是："因为不将就，所以阳光正好。"

无论任何时候，都不要丧失赚钱的能力。

经济独立是一个女孩最大的底气，它能在必要时给你足够的勇气。

03

电视剧《奋斗》虽然已经播出好多年了，但依然被我排在超级喜欢的爱情励志剧榜单里。

我最喜欢里面的夏琳，她一面温柔、善解人意，另一面又独立、坚持自我。

她和陆涛一见钟情，爱得热火朝天。

陆涛用男人的方式爱夏琳，他努力工作养活夏琳。可是，夏琳和他是同一类人，她有才华，有自我。她爱陆涛，也没有忘记自己的梦想，从不放弃去实现自己的人生价值。

陆涛事业上的成功，不但没有给夏琳带来安全感，反而让她心生恐慌。

夏琳对陆涛说："我现在对自己不满意，我必须像你一样去努力去奋斗，我才会对自己满意。"

于是，她选择了远离深爱的陆涛，去法国学习。

最后，夏琳休假回国，和陆涛重修旧好。两个人一起去了法国，以新的身份开始奋斗。

我很喜欢米莱因为嫉妒给夏琳的那句评价："你又穷又漂亮又有志气，那都是陆涛所要的。有时候，我恨不得变成你！"

需要仰望的爱，终究不会长久。

爱情最美的姿态应该是并肩站立，就像诗人舒婷所写的《致橡树》那样："绝不像攀援的凌霄花……我必须是你近旁的一株木棉，作为树的形象和你站在一起……我们分担寒潮、风雷、霹雳；我们共享雾霭、流岚、虹霓。仿佛永远分离，却又终身相依。"

能让你以一个独立的人的身份去爱一个人的底气，就是自己拥有经济独立的能力。经济独立了，和别人相处时的身份和地位才能独立。它就像熨斗，可以熨平生活中的大部分褶皱。

04

女孩们，别期待有人说“我养你”，别总梦想着嫁给富二代。要知道，别人施舍的物质，随时也可能收回去。

男人拥有的金钱、地位、荣誉，女人也可以努力去争取。

不想按照别人的期待生活，不仅需要在精神上摆脱对别人的依赖，更需要有足够的经济基础来为自己独立保驾护航，遮风挡雨。

有时候，恰恰是经济上的窘迫，困住了你身体上的自由，进而阻碍了你灵魂上的独立。

别怕，
一个人也可以活得很漂亮

01

“头发甩甩，大步地走开，不怜悯心底小小悲哀。挥手Bye Bye，祝你们愉快，我会一个人活得精彩。”

偶然一次又听到萧亚轩唱的这首《一个人的精彩》，脑子里瞬间就冒出一个女孩的背影，任性得有点张狂，倔强得有点可爱，单单是那一股任谁说都不怕的勇气，就让我生出小小的羡慕。

被老妈催相亲的电话轰炸了数年，有时候我也会隐隐担心：不恋爱不结婚，真的行得通吗？未来的路上，如果一个人走，会不会怕？

为此，我也会在浓黑的夜里拼命睁大眼睛，希求找到一个能让自己满意的答案。

端午放假前，朋友粥粥打电话给我：“端午放假，想找你玩一天，有空没？”

我说：“你找我，没空也得有空啊。”

粥粥笑道：“确定有空？你要是有人陪，我才懒得去当电灯泡。”

我听出她的言外之意：“当电灯泡的机会你就别想了，我倒是很高兴能当你的电灯泡呢。”

粥粥顿了一下，说：“你也没这个机会了。我失恋了。”

我连忙道歉：“对不起，啥时候的事？”

她倒是一副满不在乎的样子：“三个月了吧。”

粥粥比我小两岁，她在某婚恋网站上遇到了一个让她倾心的男人，然后迅速坠入爱河。恋爱谈了一年，我也算见识到了什么叫如胶似漆。

“怎么说分手就分手？”我问她。

她说：“累了。”完了，她还忍不住爆了一句粗口。

接着，她断断续续说了很多。仍然是老套的恋爱剧情，开始的时候花式表白，各种爱的投喂，甜到齁，让人发腻。

慢慢地，因为靠得太近，甜言蜜语变成了不满，海誓山盟里多了猜疑，然后嫌隙丛生……

她说，原来以为失恋了会难过得死去活来，但真失恋了也没觉得有多要命。因为两个人在一起久了，会有很窒息的感觉，还是一个人自由自在的好。

是啊，两个人有两个人的糟糕，一个人也有一个人的好。

同事茶茶有一段时间就像《粉红女郎》里刘若英饰演的结婚狂方小萍，每天奔波在相亲的路上。

后来，她忽然就停下了相亲的脚步。

她说："29岁那一年，特别想找个人嫁了，过二人世界。但过了30岁，这种热情忽然就消退了，结婚的念头淡了，觉得反正已经过了30岁了，急也没用，不如把一个人的生活过好一点。"

爱情，从来不是女孩的必需品。

有它，很好，没它，亦很好。

02

以前看《欢乐颂》的时候，特别羡慕安迪，羡慕她在事业上的雷厉风行，也羡慕她从不把爱情当作必需品。

安迪有着靓丽的外表，更有一颗独立的心。她是哥伦比亚大学毕业的高才生，是华尔街金融界的女强人，是投资公司的CFO，是一名海归高管。

我觉得她的一颦一笑中都透露着高级感，甚至连吵架都跟别人不同。随着后来的剧情推进，我越看越明白，她身上的高级感并不是与生俱来的，而是源于她对自己的高要求。比如，她每天雷打不动地晨跑，做到公司高层依然坚持读书。

没有男人、没有爱情不重要，做了剩女也没什么关系。重要的是，她把一个人的日子过得风生水起，有声有色。

当你把自己变成一块散发着温润光泽的玉，一切美好的人和事都会被你吸引。

可惜的是，有些女孩，不去打磨自己，又害怕孤单寂寞，一心只想从爱情中寻找慰藉和机会。

爱情来了，为悦己者容，精心打扮，神采奕奕。

爱情没了，就不顾形象，披头散发，形容枯槁。

生命不是一场火急火燎的路过，也不是漫长的排队等待，它是一场享受。而享受，两个人可以，一个人也可以。

因为享受需要的不是陪伴，而是从诗意的角度看世界。一个用心的女人，哪怕是孤单的，也能用心收集阳光和诗意。

活得漂亮不漂亮，和有没有男人没有关系。它需要的是内心的丰盈。

如果你的心是浪漫的，那么，一个人也可以活出一场与幸福相伴的水天一色。

03

有一个周末，我睡到自然醒，然后走进厨房，头天预约定时炖的牛肉已经冒出香气。我舀出一些汤到砂锅里，开火，轻轻打了一个鸡蛋进去。

小火煮到鸡蛋定型，转大火，等汤滚出水花，下一袋从超市买的袋装拉面。

快煮熟的时候，放进洗好的小油菜。

盛到碗里，切两片西红柿摆上去，最后再捞几块牛腩。

牛奶一样的白，配上新鲜的绿，艳艳的红，真的很养眼。

我把牛肉拉面端到小小的餐桌上，坐下来细细品尝。

干干净净的蛋白，咬一口，露出里面成熟的金黄色，暖暖的。

这一刻，我觉得一个人的生活，真的也很不错嘛，就让我这样自己过一辈子，也没什么不可以。

慢慢地，我再也没有因为一个人生活而感觉孤单或者无聊。因为一个人可以做很多事……

把房间打扫得干干净净，然后光着脚踩在地板上，感受自由的浪漫。

在阳光正好的午后，手捧一本书细细品读，偶尔远眺，远处天空上的一片云彩正兀自美丽。

穿上自己最舒适的家居服，点上一支香薰蜡烛，放一首最爱的钢琴曲，或者就是安静地听窗外淅淅沥沥的雨声。

坐在公园的长椅上，仔细观察一株植物的生长，或者偷瞄一下身旁经过的游人，想象他们的生活是什么样子。

拿着食谱，在厨房研究自己喜欢的菜和甜点，让房间里的音乐声和厨房里的锅碗瓢盆合奏出动听的交响乐。

葡萄成熟的季节，学着自酿葡萄酒，把葡萄装在玻璃瓶里，等待某个静谧的夜晚，为自己倒上一小杯，就着心事，浅斟慢酌。

养一只猫咪，看它在阳台上晒太阳，在沙发上伸懒腰，听偶尔的喵喵声打破屋内的宁静。

以及，来一场说走就走的旅行。

第六章

在所有的日子里，我最喜欢今天

在所有的日子里，
我最喜欢今天

01

有一天晚上，我躺在床上，特别想吃炒酸奶，加芒果丁、葡萄干和蔓越莓。一口咬下去，酸奶的口感是脆的，芒果布丁的内里还有点软软的，葡萄干和蔓越莓又有点硬，却迅速被咬开的酸甜弥补缺憾。

满口的冰凉清爽和甜腻，碰撞在一起，那种感觉，美妙极了。

但实在是太晚了，我就和自己商量，明天再吃吧，晚上吃凉的不舒服，碎碎念了几分钟，竟然也把自己说服了。

第二天白天赶一份稿子，忙忙碌碌没歇着，一天下来累坏了，晚上回到家，把身体瘫在沙发上，连胳膊都懒得抬。

忽然想起昨天晚上特别想吃的炒酸奶，想着该给自己兑现一下承诺了吧。

很快，我遗憾地发现，此刻的我对炒酸奶已经不那么向往了，此刻也不想要那种凉凉甜腻的感觉了。

中午吃了重油重盐的外卖，晚上的胃十分渴望被清淡的家常饭菜慰劳一下。

最后，我去厨房煮了一碗西红柿鸡蛋面，做了一小盘白水煮西蓝花，又切了两个小米椒加盐、生抽、香油搅拌了一下。

满足了当下胃发出的需求，吃完的一刻，擦擦嘴，很是心满意足。

每一个当下，如果都能毫无保留地去生活，善待自己，那么生命就会变得异常地珍贵和有意义。

所以，在所有的日子里，我最喜欢今天。因为只有今天，才能给我想要的感觉和体验。

只有今天，才能满足自己当下对快乐、幸福、开心的向往。

如果你因为种种原因不能满足当下的自己，却期望把这份需求收藏，希望在未来的某一天去感受，那你多半要失望了。

02

很久之前看过一个故事，大概讲的是一位太太不幸患病去世，丈夫在整理她的遗物时发现了一条围巾。

那是他们去澳大利亚的墨尔本旅游时，在一家名牌店买的。

那条围巾非常漂亮，并且价格昂贵。妻子一直舍不得用，说是想等一个特别的日子再用，可是她再也没有机会等到那个特别的日子了，她再也没有机会围上这条昂贵的围巾了！

丈夫抱着围巾泪流不止。

他说：“如果她还活着，我一定会告诉她，再也不要把好东西留到特别的日子才用了，你活着的每一天都是最值得珍惜的特别的日子。”

所以，不要把美丽的瓷具放在酒柜里，不要等到所谓特别的日子才拿出来用，因为你会发现那一天一直都不会到来。你生活的“当下”，就是那个“特别的日子”，没必要在等待中蹉跎了岁月，即刻享受就对了。

只有今天，最值得期待；只有今天，才能给你想要的幸福。

过去的昨天，再怀念，也没有再来一次的机会。

过往的经历是一本日记，翻着翻着就有人止了步，陷入回忆中，纠缠过去的美好或悲伤。可过去的终究无法重来，越纠缠只会让自己越痛苦。

《我不是潘金莲》这部电影我刷了两遍。

看第一遍的时候，我很同情女主李雪莲。

李雪莲和丈夫秦玉河不慎怀上二胎，丈夫是化肥厂的职工，这二胎要一生，丈夫就得失业。两人一衡量，干脆去办个假离婚，等生完了再破镜重圆。

婚顺利地离了，女儿也顺利出生了。

但让李雪莲万万没想到的是，秦玉河打了个“时间差”，和别人结婚了。李雪莲无法接受，更不甘心。

她先是找亲弟弟去杀秦玉河，结果当然是没成功。

她只好去找政府，让法院承认离婚是假的，结果自然是败诉。接连告状，却得不到支持。她去找秦玉河，想着只要他承认离婚是假的，自己就放弃。

但秦玉河不仅不顾及情面，咬定是真离婚，还当众说李雪莲婚前就不是完璧之身，从此让她背上了“潘金莲”的骂名。

一口气堵在李雪莲的心窝，从此她开启了长达二十年的上访路。

地方上的县长、市长、法官、院长换了一茬又一茬，她执着的身影却不曾退缩和放弃。

我从心里欣赏李雪莲的这股韧性，她虽然是个缺乏见识的农妇，但能为了自证清白而坚持不懈，值得尊重。

但刷第二遍的时候，我却觉得李雪莲虽然可怜，但又很不值。

搭上二十年的时光，为了一个渣男，为了一口气，从年纪轻轻熬到韶华不再，又得到了什么呢？到头来不过是一场荒唐。

假如李雪莲不纠缠过往，她有样貌有手艺，离婚时不过三十出头，她做的牛骨汤堪称一绝，又在徽州有一栋小楼。她只需要跟不值得的人挥挥手，大步流星向前走，跟过去一刀两断，她的人生就会是另外一番光景。

被辜负过，没什么大不了，人生本就有酸有甜有苦有辣。忘记那个错的人，不沉溺在过往的悲伤与怨恨中，才能看清楚脚下的路，不为糟心的事忧虑，才能拥有更好的人生。

每个女人的前半生都有诸多遗憾，有拧巴，有未完成的心愿。痴恋从前的背影，过着焦虑的人生，毁的是一个又一个十年，女人的一生又有几个十年可供挥霍？

用过去惩罚现在的自己，才是一生最大的悲哀。

过去的都过去了，时光从不犹豫和后悔，放不下的只有我们自己。

03

相对于沉迷过去，大多数人喜欢活在“未来”。

今天我们还没有好好享受，就开始火急火燎地为明天筹办一切，这就好比明天要吃的食物非要今天全部吃到肚子里，最后撑垮了胃。

我身边有一位单亲妈妈，带着一个一岁多的儿子。从离婚的伤痛里走出来之后，她开始计划自己的明天。

她决定读在职研究生，然而这并不容易，她必须经历一些艰难的时刻，她不得不试图在职业、读书、照顾家庭之间寻找平衡，同时还要抽时间保持正常的人际交往。但她确信，通过艰辛的付出终会遇见更优秀的自己。这个想法使她热情澎湃。

然而，现实是，每天繁重的安排让她疲于应对。

一天早晨，因为忙着给孩子冲奶粉，她不小心打碎了每天早起用来喝咖啡的杯子，看到满地的碎片，听着孩子哇哇的哭声。她顿时失去了所有的力气，忍不住和孩子一起大哭起来……

哭完之后，她决定不再过度执着于未来，不再为了未来绑架今天的自己。

她不再要求自己一边带孩子，一边焦灼地看书学习。

带孩子时，她开始聚精会神地看着怀里的小人儿双手抱着奶瓶认真地喝奶，等他喝饱了，奶瓶一扔，兀自睡去，或者继续对身边的一切热情探索。

她偶尔会把孩子交给朋友帮忙照看，自己去咖啡馆坐一会儿，点一杯拿铁，再来一份覆盖着一层坚果和奶油糖霜的肉桂卷。服务生把那些彩色的糖屑堆撒在奶油上的那一刻，她的心在情不自禁地欢唱！

喝完咖啡，她决定走回家。老远就看到，一大片花儿钻出小区外围的铁栅栏，繁华又热闹。

这一次，不是匆匆路过，她停下来，让自己好好欣赏那层层叠叠的花瓣，让那花香尽情流入鼻孔，沁润心田。

过往的日记偶尔翻翻便可，不纠缠，与岁月和解，与自己和解，让往事随风。

明天的愿景偶尔想想即可，不沉迷，降低期待，少一点憧憬，让未来慢慢生长。

如果时光是礼物，那么，只有今天的礼物，是真真地放在你手心的。捧着它，你有什么理由不欢喜呢？

生活不在别处，
眼下即是全部

01

好久没有出远门了。

望着窗外灰蒙蒙的天、光秃秃的枝丫和无精打采的四季青灌木，以及从头到脚裹着多半是黑色或者深蓝色羽绒服的行人……这就是单调的北方的冬天。

我强烈地感觉到，再这样下去，我就要疯了。

必须出去透透气，不惜任何代价！

我想去一个五颜六色的地方，一个春暖花开的地方，一个白云蓝天的地方，如果还能有沙滩海风，那就再好不过了。

我想穿着舒适的沙滩凉鞋，印花长裙，戴着宽边的遮阳帽，任由海风抚摸我的每一寸肌肤，裙摆翻飞像一只自由的蝴蝶。

我把自己的愿望发在朋友圈，结果引来一大堆评论。

无一例外，大家都和我一样，迫切地想要离开自己所在的“破地方”，去往美丽的远方。

手机里，一群快憋疯的人发牢骚，抱怨，毫无顾忌地大倒苦水，如同一只只被长时间囚禁的鸟，对当下的生活一刻都忍不下去了。

然后，大家不约而同地向往着远方。

“我想生活在成都，享受美食，欣赏美女，完美！”

“我想生活在瑞士的小镇，享受慢悠悠的节奏。”

“我想生活在英格兰的科茨沃尔德，听说那里的房子都是贝壳形，啧啧，在童话里的感觉。”

“我想生活在夏威夷，那里有北半球最美的晚霞。”

“我想生活在威尼斯，每天划着小船在水上漫游，多浪漫。”

……

只有一个东北的姐姐评论说：“我在三亚买了房子，当他乡变吾乡，只有呵呵……”

在三亚买了房子，这简直就是在变相炫耀嘛。

我回复她：“想踩沙滩，吹海风了，说走就走啊。美美哒！”

然后，她没有再回复。

发泄够了，趁热打铁，我开始谋划最近能挤出几天假期，并在网上搜罗各种三亚旅游攻略……

做攻略的时候，忽然想起那个东北的姐姐，她不是在三亚有房吗？是不是可以租她的房子？肯定会比住酒店便宜点吧，说不定还能做饭，又省下一笔……

这样一想，我立即点开了东北姐姐的微信。

然后，我了解了一个完整的去三亚旅游，然后在三亚买房、到三亚度假，把三亚变成吾乡，现在萌生后悔的故事。

我们称这个姐姐为北北吧。

02

北北是土生土长的东北姑娘，冻疮一生就是20多年，这让她极度厌恶冬天。

她从小最大的愿望，就是去一个没有冬天的地方。自从知道了三亚以后，那里就成了她梦想中的家园。

北北大学在天津上的，虽然天津的冬天比东北的冬天好一些，但也好不到哪里去。

上班后攒到第一笔钱，她第一时间就订了去三亚的机票。

澄澈明净的蓝天，蓬松柔软的白云，温润清新的空气，一切都显得那么不真实，甚至有点玄幻。

不自觉地，北北连呼吸都是轻轻的，就像拿着刚入手的最新款包包，一举一动皆是小心翼翼。

从那时起，北北的人生目标就变得很清晰了，那就是一定要在三亚买房。有了房子，想来就来，这里就是自己的家。

结婚后，儿子出生，北北就梦想着一家三口在沙滩上嬉戏玩耍，但由于手里的钱先付了天津房子的首付，就没有多余的钱在三亚买房了。

两年后，家里的经济状况有所改善，然后，女儿也出生了。

北北马不停蹄地启动了去三亚买房的计划，她和老公专门抽出半个月的时间去三亚。

每天跟着中介满城跑，百般比较，万般纠结后，定了一套复式洋房，距离机场和海边都不算远。

办完手续，北北身心疲惫，却又抑制不住心里的小兴奋。

她以为，一家四口在三亚的沙滩上晒太阳的美好生活，从此就开启了。

现实却很快打脸了。

首先，三亚的这套房子没人住也要付各种开支，甚至因为不住，需要支付的还更多。

物业费，一年好几千，就算一天不住，一分钱也别想少；房子长期不住，需要隔一段时间通通风，简单收拾一下，交给物业托管，一年又是几千。

第一年的时候，北北不愿意别人出入自己的家，就没有托管。结果，一家人高高兴兴来度假，开门一看却傻眼了。

屋里的地板、柜子、沙发，所有能落灰的地方，都积了厚厚的灰尘；墙角的蜘蛛网随处可见；花花草草更不用说，早就死了。第一天光是打扫卫生，就已经让人筋疲力尽了。

其次，是被各种琐事困扰。水、电、燃气、宽带，全都开一遍。然后是购置各种生活用品，柴米油盐酱醋，瓜果蔬菜鸡蛋牛奶，以及孩子的纸尿裤、奶粉等。

吃喝拉撒的装备凑齐了，家终于像模像样，可以享受生活了吧？

不，因为孩子还是那个孩子。大的依然跟在屁股后有一堆要求，依然把玩具扔得到处都是；小的依然随时因为渴了、饿了、尿了而哭闹不止。

时间还是和原来一样不够用，原来的忙碌一点没落下，反而还多了。

于是，北北带来的书，在行李箱里连拿都没拿出来过。要知道，她已经到三亚整整一周了，居然还没去海边悠闲地吹吹海风，看看日落，拍拍照片。

这还没什么，最让她崩溃的是，有一年，夏天暴雨，水从阳台漫进屋里，木地板全都泡得变了形，天花板上满是水渍和霉斑，并且阳台积水渗到了楼下，还得给邻居修房子。

先找了保洁打扫卫生和消毒除霉，接着按物业的要求，帮楼下邻居修房子。几番折腾，北北不禁扪心自问："我这是何苦来着？"

飞到向往中的三亚，也不过是换了一所房子，继续重复原来的生活罢了。

北北暗叹一声，悄悄给自己在三亚买房这个决定，打了大大的差评。

我们以为自己可以逃离在一个地方的庸碌日常，逃离琐碎，结果不过是换一个地方陷入同样的庸碌和琐碎。

即便生活在别处，一样得为一日三餐忧烦。

我们总是向往远方的美好，而当他乡成为吾乡，远方就不再是远方了。

对于真正懂生活的人来说，美好即在当下，眼前就是幸福。

03

我的一个朋友新租了房子，搬了家，邀请我去家里玩。

租的是个单间小公寓，厨房是开放式的，客厅和卧室用一道厚厚的布帘隔开。

房子虽小，也不是自己的，但整个屋内的摆设和布局显然没有一点凑合的感觉。

床头的位置有一个书架，上面摆满了书。书架旁边没有摆放桌子，而是放了一个实木的长条凳，一个可以折叠的小木桌。

木桌上放着一小盆文竹，花盆很有特色，亚白色，泛着青蓝的光，像一个破了个口的卧放着的鸡蛋，上面还绘有竹子的图案。盆的一边放着一个盘腿而坐、双手置于膝盖、眯着眼的小沙弥，很是治愈。

小木桌，既可以当餐桌，也可以当书桌。

我从书架上抽出亦舒的《我的前半生》，坐在长条凳上随手翻阅。

“怎么样，有没有在图书馆的感觉？”朋友端着一杯自己泡的柠檬水边递过来边问。

“别说，还真有在图书馆的感觉。不过，图书馆可没柠檬水。”我打趣道。

抬眼望去，墙壁上挂着她自己绣的山水图，云雾缭绕中的山，远处是像个蛋黄一样的夕阳，近处是开得热烈繁茂的花，点点绿意衬托其间，颜色十分鲜艳。仔细看，山脚下的树木掩映中还有几间小屋，屋前有小小的人影。

床尾有一个单人衣柜，衣柜旁边的墙壁上，挂着几张朋友的照片，上面的所有人都笑容明媚，一如外面灿烂的阳光。

“难得你把房子布置得这么温馨。”我由衷地赞道。

“房子虽然是租来的，但生活不是啊。”

“房子虽然是租来的，但生活不是啊。”这句话，一直在我耳边萦绕不绝。

我们总习惯把生活拉到未来的某个场景里，去想象幸福，却不知道生活从不在别处，眼下即是全部。

我们想要的放松，想要的休闲，并不一定只有在遥远的海边才能实现。

如果你去不了远方，也不必忧愁、抱怨，家里客厅的阳光照在身上一样暖洋洋；附近的小公园，一样可以赏花观叶看秋色。

你想要的美好，都藏在眼前的一饭一蔬，一茶一饮，一朝一暮里。

过得好不好，在乎心，而非身在哪里。

悄悄坚持，
慢慢变好

01

在知乎上看到过这样一个问题：“把一件小事坚持下去会得到怎样的结果？”

有个女孩说，她坚持每天早起一小时，利用这个时间去运动，并制订一天的工作计划。坚持了不到一个月，她就发现整个生活都从容了起来。

还有一个女孩说她每天坚持走一万步，而且十分注重发力的方式。这件事，她已经坚持三年了，整个腿形变得匀称、紧实，体重也降了十几斤。

……

看到大家在评论区晒出的经验，真是没想到，只不过是一些小小的坚持，就能带来这么大的变化。

这让我想起很久之前在一个论坛上认识的女孩，她很喜欢画漫画，但画画只是她的业余爱好，一开始能明显看出来，她发布的作品画风还比较稚嫩，笔法拙劣。但她没有放弃，仍然一直画，并且坚持每周三和每周六在论坛发帖，展示自己的最新作品，接受大家的批评和建议。

她画的一般是简单的四格漫画，但能看得出来，每一幅都是认真构图，用心上色的。但还是有人评论吐槽，说她实在没什么天分。看到这样的差评，她也不在乎。

中间有好几年，我都不逛论坛了，偶尔一次登录上去，发现她还在画。只是笔法已经很娴熟了，而且听说她已经是小有知名度的漫画插画师了，她创作的漫画作品在网上也很受欢迎。

一件微小的事，只要你能默默坚持，在岁月里不断重复耕耘，时间就会让你变成另一个闪闪发光的自己。

02

小事不难做，坚持做却有这么好的效果，我一直跃跃欲试。

一次在微信公众号看到一篇文章，标题很吸引人："你和女神只有一墙之隔。"作者说，很多女神为了保持好身材，都有一个秘诀：每天贴着墙根站上半小时。

我想，天哪，又不用运动出汗，这么简单，谁做不到？

于是决定亲身一试。为了避免一个人站着尴尬，我还号召两位女同事和我一起变美。

开始，我们不好意思在办公室里站，就跑到外面走廊角落里站。

按照作者要求的站法，紧贴墙壁，两肩放松，两腿绷直，虽然没有多辛苦，但半个小时里一直保持这个姿势不动，也并不轻松。

坚持了一周，我就坚持不下去了。然后，和我一起尝试站立的两个女同事，也都各自找理由放弃了。

立志想要改变现状的人不在少数，但真正能坚持下去的却寥寥无几。

是什么在阻碍我们坚持下去？

大概是那种无望感吧，连续坚持好几天，甚至十几天，仍然看不到成效，就会想要放弃。

我曾经经营过一个公众号，一开始，我每周都会更新三篇文章，保质保量。可坚持了三个多月后，只吸引来几十个粉丝，点赞量更是少得可怜。后来，更新频率逐渐降低到每一周一更、半个月一更，再后来干脆就放弃了规律更新，变成了随机更新。

无法即时满足，就干脆放弃不干。也许这就是很多人无法坚持做一件小事的根本原因吧。

后来工作中认识了一位企业高管，他对我说，一味追求即时满足的人，只会再三选择放弃；而真正厉害的人都是习惯了推迟满足感，所以能在看不到成绩的时候依然坚持，直到看到光明。

一次做一件小事不难，难的是一辈子坚持做这件小事。

所以，如果不能摆脱即时满足的低级快感，不能忍受坚持过程中的孤单和寂寞，是很难超越自我，改变现状的。

03

每个人都喜欢美女，每个女人也都向往自己能成为美女，于是减肥成为女人之间永恒的话题，并且她们总是千方百计地在减肥这条路上寻找捷径。

有一段时间，我身边很多朋友都把自己的社交账号头像换成了“不瘦十斤不换头像”的图片，吵嚷着要减肥的人太多了，但真正能坚持下来的人却没有几个。

少吃一点，听起来不难做到，但面对美食诱惑，谁又能管得住自己的嘴巴呢？

我老家的一个邻居，按辈分，我得管她叫姑姑，实际上她只比我大两岁，我上初二的时候，她读高一。她人很胖，听我妈说她的体重有87公斤。我还听说，同学们给她取了个绰号，叫“87”。

我和她交往不多，但后来发生的事让我对她刮目相看。

因为太胖影响了体育成绩，她从高三开始减肥，每天坚持跑5公里，戒掉了甜食等高热量食物。

然后，我就眼看着她，从87公斤到80公斤，再到70公斤、60公斤……一点点地瘦了下去。

高考后，她的体重只有55公斤了。

后来我想，高考完她肯定会再胖回去的。但后来我每次回家，都没见她再胖回去。

一晃十多年过去了。我瞅了个机会问她，这些年是怎么保持身材的？她说，她现在还在坚持跑步，就算不能每天跑，每周也至少跑3天。

我想起自己也总是说要去跑步减肥，但一年下来也没执行过几次，真是汗颜。

真的，去坚持做一件小事吧，几年下来，一定会有令你意想不到的效果。哪怕是每天做30个仰卧起坐，或者每天练20个毛笔字，或者每天练10分钟吉他，又或者仅仅是每天写一篇200字的短文。

我小姨家的一个表妹今年考上了一所“985”高校，我妈高兴地给表妹包了个大红包。

表妹的这个高考成绩，其实也是在我意料之中的，因为她是个很有想法也很自律的女孩。

上初中的时候，有一次她向我请教怎么背诵单词，我告诉她，快速背单词就是每天大量练习，反复背诵，这是个比较痛苦的方法。还有一个相对轻松点的积累单词的方法，就是阅读原版英文小说。这是一个老师教我的，我当时也买了几本英文原版小说，但总是读一点就读不下去了。

她听了之后，决定尝试一下阅读英文小说。她选的第一本英文小说是《欧·亨利短篇小说》，她说这本书里面都是短篇小说，情节也比较有趣，有利于坚持读下去。

我原以为她会和我一样，也坚持不了很久。

没想到，她花了一个月时间，把《欧·亨利短篇小说》英文版看完了，还跟我说这个积累单词的方法的确不错，因为有些单词会重复出现，看的次数多了，自然就能记住了。读了原版，不仅单词量丰富了，还培养了语感。

再后来，她又读了英文版的《小王子》《怦然心动》《奇迹男孩》《绿野仙踪》《芒果街上的小屋》等。

再后来，她看了中文版的《哈利·波特》，又把英文原版“啃”完了。

等到她上高一的时候，已经读了近二十本英文小说了。

坚持一件小事，也许不会一下子就看到成效，也不能一下子和别人拉开差距，但只要有一点点微小的进步，就能带给人勇气和自信。

借着这点勇气和自信，坚持下去，即使前面的路还有很长，你也一定能积蓄足够的能量，面对一切风雨。

爱就好好爱，
明天才不会遗憾

01

有人说，爱情就像奶油，新鲜的时候最好吃，一旦过期，就会变味。

大四的时候，学业即将结束，在武汉读大学的糖糖，已经在北京找到了一份工作，正在学校安心等毕业。

正赶上学校举行春季运动会，大四在校的人很少，糖糖被老师硬抓去当裁判。

跑道上，一个男生，个子高高瘦瘦，穿着白背心，跑得飞快。

糖糖有点恍惚，思绪回到了从前，仿佛看到一个男生在远处朝自己微笑，空气里都是爱情的甜味。

“请问，我可以拿瓶水吗？”

糖糖从回忆中醒来，发现正是刚才那个男生，他跑了第一名，满头都是汗，正微笑着问她。

“可以，”糖糖弯腰拿起给运动员准备的矿泉水递过去，顺口嘱咐道，“刚跑完步，不要喝太多。”

男生笑了笑，算是回应，果真只是抿了几小口，就把瓶子拿在了手里。

男生叫阿亮，也是大四的，工作在上海找好了，在学校没事做，就参加运动会“玩”。

看着他脸上干净的笑容，糖糖的心没来由地“疼”了一下。梦中无数次出现过的他，曾经也是这样对自己笑的。

运动会结束的时候，阿亮忽然跑过来问她：“晚上有空吗？”

糖糖想摇头，最终却还是点了点头。

晚上，两个人去看了场电影，前面貌似都是大一大二的学弟学妹。

糖糖有点走神，她从来没有哪一刻，比现在更想回到大一。

看完电影，阿亮陪她走到寝室楼下，说了再见，糖糖转身离去。

阿亮突然在背后叫住她，在灯影里轻轻问：“你愿意做我女朋友吗？”

那一刻，糖糖多么想点头答应他。可是，她想到自己已经在北京有了喜欢的工作，而他的工作却在上海。

“算了。”糖糖轻轻地说，就像拒绝一个平常的吃饭邀请。

再见到阿亮，是在火车站。

糖糖上了去北京的火车，没多久，就看到阿亮走了过来。

“你疯啦！你怎么跑到车上来了？一会就发车了，快下去！”

阿亮笑嘻嘻地说：“我送送你，顺便到北京玩。”

阿亮把糖糖送到公司宿舍就走了，说是找同学去玩。

糖糖非常想快速融入职场，她很忙，干得很有劲头。

周末，糖糖下班走出办公楼，发现阿亮正站在马路对面。她迎上去，好想就此拉住他的手，可真走到跟前，她却只是淡淡问他：“你什么时候去上海？”

两个人去吃饭，阿亮要了两杯鲜榨橙汁。分别的时候，他叫住她，轻轻地说：“我们恋爱好吗？”

糖糖知道他要回上海了，只是笑着摇摇头。

他似乎知道她的担忧，接着说：“我正在北京找工作。”

糖糖不知道该不该相信他说的话，她想摸摸他的脸，最终也没有伸出手。

一转眼就春节了，糖糖选择留在北京，没有回家。

大年三十，糖糖正准备到楼下和没回家的单身同事一起过年。

手机响了：“糖糖，新年快乐！”是阿亮。

“新年快乐！”

“你去阳台。”糖糖疑惑地走到阳台，向下看，发现阿亮正站在雪地里，冲自己傻笑。

糖糖的心里说不清是惊喜还是慌乱，她跑下楼，站在他面前。

“你真是个疯子。你不回家过年跑到这里来干什么？”其实，糖糖好想扑进他的怀里，但她终究还是放弃了。

“我一直在北京。我现在就在这里工作啊，”他伸出手握住糖糖的手，“这次，你总会答应我了吧？”

糖糖有些手足无措，她又想起了上一次分手的痛。

年夜饭后，阿亮给她发消息：“我不勉强你。三天以后中午12点，我在你们公司楼下的快餐店等你，如果你不来，我就知道该怎么做了。”

糖糖的内心其实已经有了答案。

约会的那天，她很早就去了。因为时间还早，她就去对面的商场逛了一会儿。

过了一会儿，她发现手机没电了，赶忙奔去快餐店。

隔着马路，她看到了一个身影拦了一辆出租车，疾驰而去……

糖糖永远记得，她回家给手机充上电。微信提示收到一条新消息：“我知道你心里一直有顾虑，也许还没有做好准备。但我觉得，在爱的时候，好好爱，就够了。没有回应的等待真的很辛苦，再见。”

糖糖把这条信息点击了收藏，她想，也许，这是老天对自己的惩罚。

其实，人生的很多遗憾，并非什么命该如此，而是自己亲手造成的！

因为害怕重复过去的伤害，所以选择与今天遇见的美好擦身而过，是不是很傻？

人生只有一次机会，没有彩排，不能重来。对于喜欢的人和事，遇到了，就伸手拥抱吧，别犹豫。

要知道，彼此喜欢，彼此吸引的灵魂，不是随时随地都能遇到的。

一辈子，总要为了自己喜欢的人，奋不顾身一次，当然，也可以是两三次。

因为，幸福有时候一次够不到，那就够两次、三次，总有一次能够到。

02

因为工作的关系，小慧和子峰有过几次接触。为了方便工作联系，两人互加了微信。

那年冬天，一个周末的下午，在家休息的小慧惊奇地发现外面下雪了。

大片大片的雪花在空中飞舞，让她想起大学语文老师说过的话：“冬天最浪漫的事，就是外面下着大雪，在屋子里，和三五好友围着桌子吃火锅。”

小慧把这段话敲在朋友圈上，然后配了一段下雪的小视频发了出去。

很快，她看到子峰在下面留言：“心动，好想体验。”

小慧回复了一个笑脸。

过了大约两个小时，她接到子峰打来的电话，说他已经到她所住小区的门口了。

她正要问，是不是有什么事，只听他说：“我买了火锅食材，想去你家吃火锅，你不会拒绝吧？”

小慧有点不太自然，还是笑着开玩笑：“要是我说我家没有电火锅呢？”

他说：“这个不难，我现在掉头去买一个就是了。”

小慧怕他当真，赶紧说：“有的，骗你的。”

火锅咕嘟嘟煮着羊肉卷、牛肉卷、鱼丸、牛肉丸，子峰居然还买了两个大土豆、一把茼蒿，还有宽粉、火锅面什么的。

屋内，火锅缭绕着腾腾热气；屋外，雪花越来越密集。

这一顿火锅，直吃了三个多小时。

那天，小慧告诉他，自己曾谈过一场8年的恋爱。她说经历了那一次伤痛，自己的心就像外面的那些冰柱一样又凉又硬。

子峰想了想，说："那以后我们多吃火锅，冰柱就会化了。"

"那要是不化呢？"

"那就多吃几次呗。我们不能把这件事想得那么难，是不是？"

虽然内心仍然有挣扎，但她还是决定再试一次，努力让自己幸福。

后来，他们恋爱、结婚、生女，幸福得一塌糊涂。

冬天的时候，每当周末，他们几乎都会选择吃火锅。

小慧会准备很多食材，一点点慢慢煮，慢慢吃，一顿火锅经常从中午吃到傍晚。

屋里有暖气，再加上火锅的热气，也可能是喝了点酒的缘故，她的脸红红的。

"你还是那么美，不，比以前更美。"

"谢谢你，谢谢我自己。"小慧举起酒杯一饮而尽，她感觉自己真的醉了。

小慧觉得，大学语文老师说的那段话，如果改一改，或许更好。

"冬天最浪漫的事，就是外面下着大雪，在屋里，和喜欢的人，围着桌子吃火锅。"

不管一个人心里藏着多少过去的悲伤，都不应该拒绝今天送给你的幸福。

总有一份爱，会把悲伤融化。

前提是，你要有勇气，让爱留在你身边。

愿你，哪怕曾经被伤得遍体鳞伤，也依然相信爱情。

做三四月的事，
七八月自有答案

01

在朋友的“怂恿”下，我曾参加过一次半程马拉松比赛。

比赛前，我的心情起伏不安，紧张、激动、担心、期待，各种情绪在脑子里搅成了一锅粥。

拿奖牌这种事我是想都不敢想的，我主要担心自己能不能坚持到最后，会不会跑到崩溃，跑到半程出现意外怎么办？

比赛开始前一分钟，我已经紧张得近乎痉挛，特别想去上厕所，实际刚刚才去过没多大会儿。

但是，真的跑起来后，我的心倒是慢慢平静了下来。

我和朋友都是重在参与，也不打算争名次。

所以，开始的几公里，我就跟在朋友身后不远，迎风向前，跑

得轻松又舒缓。

大约8公里的时候，我的双腿不再轻快，呼吸开始变得粗重。

朋友的身影渐渐跑远，我想象着自己一头汗水、五官扭曲的样子，只觉得自己像一只溺水的猫。

我不断问志愿者，还有多远？还要跑多久？

当我听到还有一半路程时，几乎快要坐地痛哭了。

手脚就像拖着沉重的铁锁链，一个声音不断在耳边骂骂咧咧：“再也不跑什么狗屁马拉松了，我不跑了……”

我无比担心自己会随时“挂掉”，想停下来。四处看看，前面没有人停下来，后面零零散散的人，也没有停下来。

周围还有不少观看的人，我看到有人举着相机，激动地对着我大喊：“加油！”

搞得我不好意思停下来了。

既然开始了，那就坚持到终点吧，哪怕慢一点。

我从心里放弃了停下来的想法，也不再去想终点还有多远，只管一步步向前，机械地向前。

没有任何励志的话，也没有任何目标，我只是被双腿带着向前。

头微微垂着，背微微弓着，好像这样能省点力气，眼睛虚幻地看着前面一点，脑子里什么都没有，只剩下双脚落地的声音。

不知坚持了多久，只见周围的人群像水流一般涌向前方。微微抬头一看，是终点拱门！

越过拱门的那一刻，因为惯性，我又向前跑了一会儿才停下来。

然后，我一下子坐在地上，双手掩面，泪水无声地落下来……

旁边有人把我搀扶起来，说："你太厉害了！"

是的，我做到了。

那种感觉，至今仍深深地印刻在脑子里，那是一种努力到最后，终于战胜困难的喜悦。

努力的路上，不需要设想各种糟糕的或美好的结果，也不必去担忧路上会遇到什么状况。当你对未来没有把握的时候，请停止想东想西，低下头，虔诚地做好手头的工作吧。制造的杂音太多，会对你造成无谓的干扰。

你只需要关注脚下，做三四月的事，七八月自有答案。

02

我一个表哥在大学任教，他说有一次，班里一个女孩三番五次找他，想换专业。

在大学里调换专业并不容易，表哥和那个女孩谈了许久，最终答应帮她先向学校提出申请。

表哥苦口婆心地叮嘱女孩，必须通过学校的一个测试，才能被允许转专业，在此之前一定要好好准备。

女孩也听话，买了很多书，看起来学习劲头十足。

表哥很欣慰，将替她申请转专业的材料交了上去。

谁知没过几天，女孩又来找他，低着头说，自己不想转专业了。

表哥很惊讶，前几天还要死要活地想转专业，这么快就放弃了？

女孩低着头，吞吞吐吐地说："我想了很久，觉得要换的这个专业也不太适合我，毕业后也未必能找到有前途的工作。"

表哥没说什么，女孩又一脸纠结地说："可是原专业更不适合我，唉，我有点想退学，重新去参加高考。"

表哥很想说，连一点努力都舍不得付出，想那么多有何用？

但怕打击对方的自尊心，他委婉地对女孩说："未来的事，谁知道呢？不如先努力把现在的功课学好吧。不管怎么样，这是目前积攒知识应对未来的唯一方法了。"

如果你把多数时间和精力都花费在想象和假设上，犹犹豫豫，纠纠结结，惆怅万千，能指望收获什么美好的结果呢？

03

这是一个喜欢速成的时代，大家都醉心于追求短平快，而摒弃踏踏实实的积累。但真正要成事，都是要静下心来，耐心打磨一件事，最后才能水到渠成。

还记得刚毕业的时候，去了一家规模不大的公司就职。我很难静下心来，总认为自己未来前途渺茫。

为此，我整日谋划其他出路，心里焦虑不堪，又不知所措。

在一次工作失误，受到上司的批评后，我干脆抛开所有三心二意的想法，将心思都投入到手头的工作上来。

半年后，我负责的一个项目完成得很出色，受到了嘉奖，公司也给了我更优厚的条件。

这为我的履历增添了耀眼的一笔，外部的工作机会纷至沓来。

所以，根本不用过早地纠结自己的未来走向，当你迷茫不定的时候，倾尽全力做好手头的事情，就是当下最好的选择。

工作中，曾和几位领导去一家茶社喝茶，茶艺师看起来三十出头，着一身素雅的复古棉麻衫，化着淡淡的妆，气质优雅。

她一面奉茶，一面娓娓道来："这是台湾冻顶乌龙茶，产于台湾鹿谷附近的冻顶山。那里终年云雾笼罩，年均气温25摄氏度，非常适合茶的生长。理想的自然环境，再加上冻顶乌龙茶采制工艺十分讲究，才能收获如此甘醇浓厚的味道。"

她的声音舒缓，似乎带着某种魔力，让人的心就像茶叶，在滚烫的水中慢慢落下，最大限度地自由舒展。只见茶汤清澈，呈现出一种柔和的蜜黄色，空气中也氤氲着悠扬的香气。

对于茶来说，在最合适的环境里发芽、生长、沐浴阳光，剩下的交给时间，时间终不曾辜负。

对于我们来说，在最适当的年纪，只管埋头耕耘，不必担忧未来，也不必刻意寻找什么。

不急不躁，不疾不徐，踏实走下去，你想要的，岁月都会给你。

图书在版编目（CIP）数据

好起来的从来都不是生活，而是你自己 / 夏天著
. -- 北京：新世界出版社，2023.10（2025.12重印）
ISBN 978-7-5104-7749-2

Ⅰ . ①好… Ⅱ . ①夏… Ⅲ . ①人生哲学—通俗读物
Ⅳ . ① B821-49

中国国家版本馆CIP数据核字（2023）第 179827 号

好起来的从来都不是生活，而是你自己

作　　者：夏　天
责任编辑：张晓翠
责任校对：宣　慧　张杰楠
责任印制：王宝根
出　　版：新世界出版社
网　　址：http://www.nwp.com.cn
社　　址：北京西城区百万庄大街 24 号（100037）
发 行 部：(010)6899 5968（电话）　(010)6899 0635（电话）
总 编 室：(010)6899 5424（电话）　(010)6832 6679（传真）
版 权 部：+8610 6899 6306（电话）　nwpcd@sina.com（电邮）
印　　刷：三河市嘉科万达彩色印刷有限公司
经　　销：新华书店
开　　本：880mm × 1230mm　1/32　尺寸：145mm × 210mm
字　　数：165 千字　印张：8
版　　次：2023 年 10 月第 1 版　2025 年 12 月第 10 次印刷
书　　号：ISBN 978-7-5104-7749-2
定　　价：49.00 元